怎樣辨別真偽

虞愚 著

順真 汤伟 校注

商務印書館
The Commercial Press

图书在版编目（CIP）数据

怎样辨别真伪/虞愚著；顺真，汤伟校注. —北京：商务印书馆，2023
ISBN 978–7–100–22222–8

Ⅰ.①怎… Ⅱ.①虞…②顺…③汤… Ⅲ.①因明（印度逻辑）–研究 Ⅳ.①B81-093.51

中国国家版本馆CIP数据核字（2023）第052059号

权利保留，侵权必究。

怎样辨别真伪
虞 愚 著
顺 真 汤 伟 校注

商 务 印 书 馆 出 版
（北京王府井大街36号 邮政编码100710）
商 务 印 书 馆 发 行
北京中科印刷有限公司印刷
ISBN 978–7–100–22222–8

2023年8月第1版　　开本 880×1230　1/32
2023年8月北京第1次印刷　印张 5½
定价：38.00元

校注编辑说明

一、本书以商务印书馆1946年8月重庆初版《怎样辨别真伪》为底本，并参考商务印书馆1947年2月上海初版，以及1995年5月甘肃人民出版社《虞愚文集》所收《怎样辨别真伪》进行校注。

二、因原书语言习惯有较为明显的时代印痕，且作者自有其独特的文字风格，故一般不按现行用法、写法以及表现手法改动原文。

三、原书专名（人名、地名等）译名与今不统一的，亦不做改动，但在校注者所作相关脚注中给出相应的今译名。文中个别处明显笔误、排印舛误一仍其旧，但在其后加方括号并给出正字。

四、标点符号的用法，在不损害原意的情况下，从现行规范略作修订。

五、为保持初版原貌，原书所有数量不多的当页脚注给予保留，脚注后加"原注"字样以示区别，随文附加的相关说明文字加"校者注"字样以示区别。凡无"原注"标识的当页脚注，均为校注者所作注释、说明或义理诠释。一些相关内容尽量直接征引虞愚先生本人的相关研究与论述，以便读者更贴切地理解全书的整体意蕴。

六、凡原书引用的中外文献尽力一一核对，或在脚注中给出相关经典注本、译本的具体今译及页码，以便核查。个别引文或为原著者间接征引他书且未给出具体出处，因卷帙浩繁、线索不清故只好作阙疑处理。

导读：

一代宗师虞愚先生文化哲学思想述评

顺　真　汤　伟

引　言

　　1946年8月，三十七岁的虞愚先生在上海商务印书馆出版了第五本学术专著《怎样辨别真伪》[①]，并在任教刚刚四个年头的母校厦门大学晋升为哲学教授。一代英才，横空出世，从此奠定了其作为一流学者乃至文化哲学思想家的崇高地位，并

[①]　关于《怎样辨别真伪》的出版时间，学界一般依据中国社会科学出版社2009年版《虞愚集》的附录《作者年表》定为1944年，后来的《虞愚年表》《虞愚文集》等均定为此年。但笔者收集到的材料显示，该书初版的发行所是商务印书馆，发行人是李宣龚，用纸是"渝版熟料纸"，其版权页右侧顶格竖排文字为"中华民国三十五年八月初版"，翌年出版了第二版，发行所是商务印书馆，发行人是朱经农，用纸是"沪报纸"，其版权页右侧顶格由右至左双行并列文字为"中华民国三十五年八月重庆初版""中华民国三十六年二月上海初版"，可知该书初版应为1946年商务印书馆重庆版。

为后来四十余年学术生命薪尽火传的巨大贡献奠定了磐石般的基础。

前此十年的 1936 年，虞愚在中华书局出版了第一部学术专著，也是他的成名之作，即影响至久至远的《因明学》。翌年，刚刚二十八岁的虞愚作为中国哲学会会员出席了第二届年会，宣读学术论文《互涉的原理》，四十五年后的 1982 年，七十三岁的虞愚调入中国社会科学院哲学研究所任研究员直到 1989 年 7 月 28 日仙逝，享年八十岁。1984 年由梁漱溟任院务委员会主席的中国文化书院在北京成立，七十五岁的虞愚与冯友兰、季羡林、启功等知名学者被聘为书院首批导师，2013 年 1 月，《中国文化书院九秩导师文集·虞愚卷》由东方出版社出版。虞愚先生去世后，学界就迅速启动了其著作的汇编工作，1991 年，《虞愚文集》编委会在首都北京成立，搜集虞愚已刊与未刊文稿 200 万字，并由刘培育主编选出 100 万字的著述，形成三卷本《虞愚文集》，由甘肃人民出版社出版。2014 年 12 月，由钱伟长任总主编、汝信任分卷主编的《20 世纪中国知名科学家学术成就概览·哲学卷》（国家重点图书出版规划项目）由科学出版社出版，在第一分册收有严复、康有为、孙中山、蔡元培、章炳麟、梁启超、熊十力、张东荪、梁漱溟、金岳霖、冯友兰、贺麟、徐复观、沈有鼎、唐君毅、牟宗三、张岱年、洪谦等 53 位哲学家的传记，虞愚荣列其中。2009 年，虞愚著作入选《中国社会科学院学者文选》系列，

《虞愚集》由中国社会科学出版社出版；虞愚的佛学著作又入选《中华现代佛学名著》丛书系列，由单正齐编选的《虞愚文集》于2018年7月由商务印书馆出版。目前，学界对虞愚的普遍评价，认为其"是中国现代著名的佛学家、因明家、诗人和书法家"。[①] 经过深入研究，我们还认为，如前所述，虞愚先生已是被确然公认的哲学家，具体而言其应为现当代历史上独具风格特征的文化哲学思想家，而尚未被学界普遍研究的《怎样辨别真伪》代表着这一方面的最高成就。本文将从以下四个方面给予介绍和论述。

一、从西方逻辑到文化哲学

虞愚原名虞德元，字竹园，号北山，祖籍浙江山阴（今绍兴），1909年9月28日时值中秋佳节出生于福建省厦门市，与他同年生且在中国现当代哲学史上影响巨大的哲学家、著名学者有张岱年、洪谦、牟宗山、唐君毅等人。1995年，八十六岁高龄的张岱年先生曾作专文以述怀念之情：

[①] 邵波、刘培育：《编者的话》，见于中国社会科学院科研局组织编选：《中国社会科学院学者文选·虞愚集》，中国社会科学出版社2009年版，第1页。

老友虞愚先生字北山，是著名的哲学史家、佛学家、书法家。余久闻虞先生名，80年代初始得识，彼此议论相近，友谊甚笃。先生与余同龄，身体素健，不意于前年忽然遭疾，竟致不起，缅怀昔日友情，感慨系之！

　　虞先生对于佛学研究甚深，尤其对于因明之学造诣尤深。初在佛学院任教，受中国社会科学院哲学研究所之聘任研究员。哲学所开办佛学讲习班，聘先生为主讲。讲习班开学，举办开学典礼，亦邀余参加，虞先生致辞，讲论研究佛学的意义，更着重讲："我们研究佛教，要能入，又要能出，既须钻进去，又须跳出来。"我听了非常赞同，非常钦佩！我深赞虞先生这样对于佛学的态度。

　　1986年8月，山东几位同志在青岛举办"中西文化讲习研讨班"，虞先生和我都被邀请参加演讲。同在青岛一家旅馆居住，朝夕共处，交谈甚欢。我有几天胃口不佳，回北京之后，虞先生特赠我治胃之良药，至今铭感！

　　虞先生长于书法，自成一家，号为"虞体"，为人书写条幅甚多，都受到珍视。惜此调绝响了！

　　虞先生居于法源寺附近，曾到北大过访，晤谈，莫逆于心，甚为快慰！我性疏懒，未能及时回访，期于异日。先生曾说："你如进城，我请你同看法源寺的丁香花。"不意回访之愿竟不能实现了！念之心伤！愧对老友！

　　近忆往日的友谊，感念实深！略述往事，以表怀念

之忧!^①

虽是"略述",但一代学人的精神与情感跃然纸上!从中不难看出,虞愚极富逻辑理性,同时极富深厚情感,而且两者高度融合、浑然一体,这是他人格的基本特征,源于其学术追寻以及文化哲学思想内在形成的生命历程。

青年时代的虞愚所面临的时代,乃是中华文化上下五千年的巨变之时,延续华夷之辨的文化分野,西方文化的巨大冲击不仅在政治、军事、经济、外交等诸多层面,其更为深邃者,乃在文化、信仰、思想、哲学,尤其是心理与逻辑层面,因为心理-逻辑关乎自然科学与人文科学之方法论的根底,既是民族文化的精髓,更是民族心态的基座。受家庭的影响,虞愚在少年时代就接触到佛教文化,随祖母读学佛教经典,又热爱杜诗、书法,赋诗填词,心智颇为早熟,1923年考入厦门同文中学就开始研读梁启超、章太炎的佛学著作。1924年,十五岁的虞愚确然"有志于学",这年他研读《印光法师文钞》,深受启迪,并写信明志以求指导:

---

① 张岱年:《怀念老友虞愚先生》,见于王守常主编,虞琴、江力选编:《中国文化书院九秩导师文集·虞愚卷》,东方出版社2013年版,第383页。

钦仰道德高厚，且正法眼，可作当头之棒，亦可为救世之方也。心生好学佛，思之至深，以为佛者心之所学。然佛之道，玄妙高深，充乎天地之间，不可思议，不可说者也。自愧年登十五，才钝学疏，欲入佛道，当求大善知识指导。①

此时，虞愚即已然知晓佛法乃"不可思议，不可说者"，已然奠定其一生心理学与逻辑观的基本见地。同年，因母亲去世，遂切身体认到"生是无常"，故赴武昌佛学院随太虚大师系统研究佛学，尤其是唯识学。1928年虞愚中学毕业，即赴南京支那内学院随欧阳竟无系统研习因明学、唯识学。1929—1934年的五年间，虞愚先后就读于上海大夏大学预科、厦门大学教育学院心理学系，系统学习西方学术，深入研读心理学、逻辑学、因明学的英文文献，同时继续研习汉传唯识学、因明学，在心理学与逻辑学两个方面，做东西方学术的深入会通，并拓展到墨家认识论与逻辑学的研究，成为那个时代中国逻辑史研究的后起之秀。总体来看，其对西方文化有着超越常人的理解，亦即在我国引进西方逻辑学日益狭隘化的进程中，因其独

---

① 转引自虞琴：《虞愚年表》，见于刘培育主编：《述学　昌诗　翰墨香——纪念虞愚先生》，厦门大学出版社2009年版，第238页。

特的求学经历，故能使其在一个更为全面开放的向度去看待东西文化的交流、碰撞与会通，进而使其并未完全走入单一理性为本位的学理路径，因此，不论墨学研究还是因明研究皆非常完备，既深入墨家之"辩"、因明之"比量"的精髓，更强调了墨家之"知"、因明之"现量"在人类认知方面的本源作用。如其在1934年阐释《墨经》所说"知：接也"、《经说》所说"知：知也者，以其知遇物而能貌之。若见"时曰："此言将所以知之官与外界的事物相接触而取得其印象也。盖人类精神与外物相接触时，目遇之则有色，耳遇之则有声，鼻遇之则有香，舌遇之则有味，色声香味似寓于外，而精神已发动于内，内外相感触，最先有其觉性者，知也。亦即感觉Sensation也。接者，感受也。即《百法明门论》之'受'心所（Vedanā）。"①在1936年出版的《因明学》一书中，其对现量做了精要的解释，且曰："总之，现量要义，本约五识明证明境为言，后三不须详究也。"②初看此段，或生误解，以为现量不必深入研究，其实一方面，此处虞愚是从现量发生的原理来立论，即以五根现量为所有现量定义的基础，二是关于现量中的第六意现量、自证现量以及瑜伽现量等，其在1935年发表而影响至今

---

① 虞愚：《墨家论理学的新体系》，见于虞愚著《因明学》，中华书局1936年版，第122页。

② 虞愚著：《因明学》，中华书局1936年版，第107页。

的《唯识心理学大意》长文中,就已经给出了非常详尽的系统阐释。其《绪论》有曰:"佛教进行的过程中,在宗教、政治、论理、艺术、伦理、生理、社会学都有相当之贡献,然其最有根据最精采莫过于心理方面,试看小乘俱舍家所说的'七十五法'、瑜伽所说'百法',除了心理学的材料还有什么?再看所谓'五蕴'、所谓'十八界'那一种不是与心理学有关的材料,即如'十二因缘'也不外就心理认识关系说明生命活动进展之状态而已。"[①]因此,我们研读虞愚的著作,必须关乎它的全部,若非如是,就看不清他的逻辑观的整体风貌,尤其是现量心理学与比量逻辑学的内在联系。另一方面,其对西方心理学亦有着非常深刻的学术理解,能探其本源、还其本真,绝不做狭隘之论,其曰:"心理学原名在英文为psychology,出自希腊语,德国法国亦同此字,不过其语尾稍有不同。按希腊'psyche'一字,含有'灵魂''心''知觉'等意味,后来时节迁流,学者因为研究程度深浅的关系,对于心理学的定义也没有一定的说法;最早的定义为研究灵魂的科学(science of soul),复变为研究心的科学(science of mind),再复变为研究'意识的科学'(science of consciousness),最近再变为研究

[①] 刘培育主编:《虞愚文集》第二卷,甘肃人民出版社1995年版,第742页。

'行为的科学'（science of behavior）……本文所讲是唯识上关于心理学的一点知识，可是对于人类所以不能控制自己问题的症结，却有指出，这一点也许是唯识的特色，至于转识成智'无漏的心理学'那是属于修证的问题，不是常人所能证验，只好存而不论了。"[1]可知，西方心理学的研究范围与界定日渐狭窄，而唯识所说"八识""五十一心所"中的一些内容，如阿赖耶识、末那识等绝非"意识""行为"所能蕴含，但"灵魂""心""知觉"却可以与之深度会通，如是则量论因明所说"自证现量""瑜伽现量"等，在学理上就不仅是合法的，亦是合理的。在学科比较层面，虞愚要越过西方近代而直返古希腊的思想方法，即使在今天对于学界亦有莫大的启迪，学术胸怀的开阔与否，直接决定着学者学术见地的高低。

由是，虞愚在那个东西方学术分科愈发细化，进而单向度方法论愈发明显的时代，能够以更深刻的见地、更广阔的视野直面东西方的差异，不仅大胆摆脱诸如心理学、逻辑学等在共时性层面之差异所带来的束缚，更能从历时性的角度基于本源的立场而寻找其共同性，进而建立可比性，由是能够从具体学科深入到文化哲学更为广阔的领域。1938年5月，在日本悍然

---

[1] 刘培育主编:《虞愚文集》第二卷，甘肃人民出版社1995年版，第743页。

侵华给中国人民带来无穷痛苦的岁月里，虞愚先生动心忍性，完成了第四部专著《印度逻辑》，他在《自序》中写道："余困蛰厦门，既不忍默视其沦胥，复无从假手以共济，则舍致力学术又奚由自励自献哉？于是乃立志写成《印度逻辑》一书，深期是非之法则日彰，人类社会或有公理之可言。"① 虞愚所苦寻的是苦难时代人类正义的绝对公理与普遍法则，然其根基唯在于人类心理－逻辑普遍性的学问体系，故他在书中写道：

  今则取资西洋演绎归纳辩证之逻辑学，及中国名学，比较攻错，详其长短，成一世界之论法，一洗数百年来思想侊侗之弊，愿未尝无此可能也。②

虞愚所欲建立的方法论体系，亦非仅仅东西方认识论、逻辑学比较之体系，实欲成就建基于中西印三大文化体系具体的生命经验之中又超越其差异之上，进而关乎整个人类命运的普遍之学——"世界论法"，即人类文化大全式的普遍逻辑学与认识论体系。其生命的深沉愿力与学术的宏大气象，即在今天亦令人感佩不已！整整五十年后的1988年，亦即虞愚去世前

---

① 虞愚：《印度逻辑》，商务印书馆1939年版，第3页。
② 同上，第14—15页。

一年，他在病榻上忍着剧痛撰写了生前最后一篇论文，其结尾曰："总之，我们从法称的生平、著作及其对陈那逻辑学说的删削、补充、订正和批判，他在印度逻辑史上所作的贡献，不难想见。陈那逻辑学说在印度逻辑史上是一座高峰，法称又是一座高峰，这两座高峰闪耀着光辉。我们要善于继承这一优良传统，吸取其合理的核心，把逻辑学、比较逻辑或世界逻辑的研究工作，推向前进！"① 所说"世界逻辑"即其早年所倡导的"世界论法"。

二、从据西释中到中西互释

出生于二十世纪初的虞愚，其个人求学成长的道路必然被那个东西文化交会的时代走向所驱使。但幸运的是，他的启蒙教育和早期教育，得到了同一时代多位大师的直接发蒙，如其佛学得益于太虚法师、欧阳竟无大师、弘一法师、吕澂、王恩洋等，其书法造诣直接得益于于右任、弘一法师，而且其本科教育是以西方心理学为主的最为前沿的关乎西方认识论与逻辑学的基础学科，再加以虞愚本人聪慧刻苦、一心精进，故其不仅具有广博的学术积累，更主要的是其对东西方文化均保持着

---

① 虞愚：《法称在印度逻辑史上的贡献》，《哲学研究》1989年第2期。

有容乃大、谦和开放的态度，其英文水平极高，但并未恃西以自高，其国学功底极深，亦未恃中以自傲，终其一生唯是平等平等，其情感心态与学术见地，均能从容中道，其哲思眼光深邃且超迈、广博而前瞻。

如前所引，张岱年对虞愚文化成就的评价，第一项即为著名的"哲学史家"，而过往的相关研究却很少提及此点，不无遗憾！一方面，其对西方逻辑、宗教、哲学、文化等均有精深的专门研究论文发表，如《演绎推理上之谬误》（1935）、《宗教的科学研究》（1936）、《文化的性质及其种类》（1939）、《逻辑之性质与问题》（1942）以及《莱布尼兹元子论简述》（1948）、《费希特哲学述评》（1948）、《康德不可知论述评》（1949）、《辩证法的发展》（1949），其中好多内容为《怎样辨别真伪》奠定了学理与学术的扎实基础以及后续研究的根基。在东方哲学研究方面，融通中印而成一家之言，尤其在因明量论逻辑、唯识学、墨家逻辑、名学逻辑等方面取得了学界公认的巨大成就，成为中国哲学史研究不可忽视的内容展示，其对纯粹的中国哲学研究亦有着极深的见地与超乎常人的洞悟。约作于1937年的《〈中国哲学史〉评》[①]是一篇至今都有极高学术

[①] 此篇收入《虞愚文集》第二卷，编者注曰"此文写作时间不详"。详考冯友兰《中国哲学史》上册出版于1931年，唯有"上编"，1934年"上编""下编"合为一秩，且有陈寅恪《审查报告三》。依虞愚文中所引"下编"

参考价值的专论，详引如下：

> 冯君友兰所著《中国哲学史》，曩尝稍一翻涉，顷始尽阅。其殊胜处有如审查者所言，然于佛学未能与子学俱重，故于向来之儒道拘蔽，未尽解脱。以视蔡孑民先生"不以一派之哲学、一家之教义梏其心"似有未逮。中国民族文化，哲学乃是主脑，暨承三千年来之子学佛学之结晶，而横吸欧美各国近代现代之思想，始足复兴且充实恢弘之。而汉末年之道教与北宋以来之道学，则最为锢闭削弱中国民智者也。而此书反多奖评，将汉武以来划为经学时代，致儒道封佛之误解偏见不能去除。而陈君寅恪且谓以完成宋明新儒家为唯一大事因缘，尤使言固有文化者仍落宋儒窠臼，与蔡孑民先生"兼采周秦诸子印度哲学及欧洲哲学以打破二千年来墨守孔子之旧习"何其反耶！此其故皆由于中国传承之佛学未能充分详述，于佛学莫见其全之

及陈氏评语，可知其所阅读者必为该书1934年的版本。1934年11月，虞愚在厦门大学写成《墨家逻辑的新体系》一文，文末所列参考资料即有冯氏《中国哲学史》。又其在《印度逻辑》"自序"中记述自己1937年参加中国哲学史年会，认为"深感致力学术为复兴民族之根本要图"，其与本篇篇末所言"今欲复兴民族者不可不注意于此"的想法如出一辙。故可推知该文应作于1934—1937年，而作于1937年的可能性较大。

所致。

冯君亦知"东晋至唐季数百年，第一流思想者皆为佛学家"，则此数百年之佛学实应与春秋战国数百年之子学并重，划为另一时代。故我于冯君此书上编之子学时代，大致赞同；而愿为之商请者，则改下编经学时代，使三倍其量，而全书划为……①

虞愚给出的结构性的修订方案具体划为四个部分：第一，诸子分途竞兴时代（即子学时代；秦统一入另一时代）；第二，诸子分期独盛时代（秦—魏晋）；第三，佛学传授化成时代（东晋—唐季）；第四，佛学融合道学时代（宋—明清）。②平心而论，虞愚的建议更加符合中国哲学史历史演变的实情，其建基于文化年代学的结构疏理，不仅具有极高的史料价值，即在今天也确乎有极高的参考价值，可以成为重写中国古代哲学史的一个极为重要的借鉴。

虞愚主要以因明学研究而享誉学界，但其早年学习汉译因明唐疏经典却历经一番极为痛苦的磨炼。他曾多次回忆说："《因明入正理论》，一开头就有一首颂偈：'能立与能破，及似

---

① 虞愚：《〈中国哲学史〉评》，见于刘培育主编：《虞愚文集》第二卷，甘肃人民出版社 1995 年版，第 987 页。

② 同上，第 987—988 页。

唯悟他；现量与比量，及似唯自悟。'这首颂偈，大家在未听老师的讲解之前，将去怎样理解呢？我当初读这首颂偈时好苦啊……对于'能立与能破'和'现量与比量'这两句还勉强地理解得来，但对'及似'二字的意思，怎么也不能理解，后来有幸得到一本英译的《因明入正理论》，看了书中的英译我才知道，这'及似'二字贯穿于上下文之中，向我们交代了能立、能破，以及似能立、似能破四个道理；下句则是现量、比量，以及似现量、似比量四个道理。我说这样的文法，在世界上也恐怕是由玄奘法师创立的独一无二的，在中国百家学林之中的经、史、子、集里，根本就找不到。所以我说，玄奘法师的翻译太精练啦！要不是英文在翻译时加入了很多的文字的话，我那时怎么也猜不到玄奘法师这种独出心裁的文法。"[1] 由于这种刻骨铭心的独特体验，因此在现代因明史上，虞愚首次用英文翻译对照古典文本，其在1936年出版的《因明学》一书中，将文中所涉因明基本概念、基础定义，都在中文后附上英文，这个创举极大地推动了因明古典文本向现代文本的转型，不仅便于读者阅读与理解，而且是因明文献学东西会通的典范，于今在其基础上的拓展形态，即梵藏汉英等多种语文对

---

[1] 虞愚：《说"有"谈"空"话因明》，见于虞愚著，单正齐编：《虞愚文集》，商务印书馆2018年版，第481—482页。

勘的形态，已经成为当代中国量论因明文本研究的一种范式。虞愚先生的首创之功，至今都得到学界的高度评价：

> 《因明学》是国内用英文逻辑术语标注因明概念的第一本书，把因明术语与西方逻辑术语对照，即其后来提炼的所谓"因明以外看因明"，是该书的一大特色，体现出其方法论上的自觉。由于因明术语本来就十分晦涩，玄奘的译名也不太好懂，因此，对重要或难解的因明术语，如遍是宗法性（The whole of the minor term must be connected with the middle term）、同品定有性（All things denoted by the middle term must be homogeneous with things denoted by the major term）、异品遍无性（None of the things heterogeneous from the major term must be a thing denoted by the middle term），在不长的《因明入正理论》原文中，虞愚以七十一处英文标注加以对照，从教学的意义而言，可消除读者对望而生畏因明术语的隔膜感，增进亲切感。①

不仅如此，在超越文本进而从义理研究与析义诠释的层面，

---

① 刘泽亮：《因明学·前言》，见于虞愚著：《厦门大学百年学术论著选刊·因明学》，厦门大学出版社2021年版，第10页。

虞愚也秉承了由孙诒让、梁启超、章太炎等开启的现代早期东西逻辑学比较的基本方法,即"据西释中"的一般方法,进而加深对因明文本的解读与阐释。他曾对后学晚辈饱含深情地回忆说:"在初读因明原著的概念时,比如'遍是宗法性'、'同品定有性'、'异品遍无性'这类概念,真是枯燥极了!一时又不明其义,三番五次地读,几乎要掉眼泪。后来借助已有的形式逻辑知识特别是亚里士多德三段论推理公式与因明中的'宗、因、喻、合、结'五支论法作比较,在思维规律上是相通的;又因它们都是逻辑思维,总能找到相似之处的联想。"[1]但是,虞愚并未以此将"据西释中"无穷放大,进而以偏概全、削足适履,甚乃由此将一种学术方法论上升为价值评价学,由是任意臧否东方的古老文化。与此截然不同,他只是按照"他山之石,可以攻玉"的古训,运用西方的知识来解读晦涩的东方文本而已,并未由此得出西高东低的荒唐结论,更非违背因明文本原貌,重新组成语篇,而后认为其合于西方逻辑,并由此彰显东方逻辑所谓的"好"! 1936年出版的《因明学》一书由"绪论"与"本论"两大部分构成,其中"绪论"分为五章,其第五章以"因明与演绎逻辑"为题,核心讨论因

---

[1] 刘延寿:《经师易得 人师难求》,见于刘培育主编:《述学 昌诗 翰墨香——纪念虞愚先生》,厦门大学出版社2009年版,第42页。

明三支论式与西方逻辑三段论之间的异同。与一般纯形式化向度的比附不同，虞愚所展示的是更为广阔、更为精深的学术视野。他认为，既然要把东方因明与西方逻辑做比较，首先必须在逻辑学学科与西方逻辑史的大背景下，真正弄通西方逻辑学的内在规定。他认为，要弄清逻辑学，必须明了"原理论"与"方法论"的不同，其中逻辑原理论包括概念论、判断论、推理论三个部分，而推理又包括直接推理与间接推理的不同，而被严复译为"演连珠"的"三段论法"，乃是推理中的间接推理形式。不仅如此，虞愚进而认为：

> 论理若仅有原理论之研究，由全而知偏，依公而证独，犹未足以尽求真之天职，必须对于特殊的事物以精密有系统的观察，再加以审慎的分类排列，方始可以得到一普通之定律。换言之，须注重方法论即归纳的研究法也。此种方法论大别为二：一曰研究法论……二曰整理法论。①

可知虞愚并非简单地做比附性的对比与比较，而是具有更广阔与极为深邃的文化视野，即基于文化哲学的立场，进而将

---

① 虞愚著：《因明学》，中华书局1936年版，第21—22页。

不仅关乎西方,而且关乎东方的整个人类文化之基底,即普遍方法论,亦即前文所述"普遍论法"即"世界逻辑"的层面来进行东西方逻辑与认知的具体比较,这就从根本上避免了"据西释中"乃至"据中释西"而必然带来的以偏概全甚乃断章取义的逻辑错谬与虚妄不实的价值评判,也为避免东西会通之通道被阻,以及为东西会通的不断拓展,开启了开放性的方法论坦途。

三、从辩论真似到辨别真伪

经过深入具体的研究可以知晓,虞愚之所以能够基于"辩论真似"的立场精准会通东西方文化方法论之根底而终于成就哲学体系的一家之言,其原因在于厚积而薄发的学术努力,即在具体学科研究,尤其是东方佛教因明学研究的基础上,由局部到整体,由微观到宏观,奠基于扎扎实实的基础研究,进而依据顿悟之力而豁然贯通,最终建构出归宗于佛教量论因明学由现量与比量所构成之"二量说"的关乎人类逻辑与认知之大全,即作为"普遍论法"的文化哲学体系。

"真似"本是汉传因明的一个基本用语与研究论域,虞愚独具慧眼,在此基础上形成了自家一再强调的"真似论",其关乎人类整体思想的根基,为虞愚早期文化思想的一个核心见地。在《因明学》"自序"中,他开宗明义即认为:

学问极则，在舍似存真，知所真似，辨之有术。因明一学，本印度教人以辨真似之学也。易词而言，因明学所言者非他事也，以令他了决自宗之真似而已……举凡天下事物之争端，莫非属理与非理而已。然欲辩理非理，示人以宇宙万有之真相，以因明之学为最。所以然者，正为因明观察义故。由此因明入彼正理故。因既明则能立能破，能破则似无不摧，能立则真无不显，譬如航海，须指南针乃识方隅，如是摧似存真之则，须此因明乃能晓也。其道阐明原因，预定结论，判明真似，成宗义故。立论者必先明其所立之理是曰"自悟"Useful for self-understanding。使敌者同喻斯理，是曰"悟他"Useful in arguing with others。此因明所以为事物之轨持，抗辩标宗之钤键也。[①]

虞愚将因明学的真似旨趣，上升为一切学术思想以及一切学术活动的终极原则，这就不是一般具体学科研究的具体方法，而是人文研究普遍方法论之所在，故其在《因明学》一书中不避重复、不厌其烦地强调此点。如曰"因明学所言者非他事也，即说明何者为立论者所必须之条件，而何者为敌论者所必由之

---

① 虞愚著：《因明学》，中华书局1936年版，第1页。

途径,以令他了决自宗之真似而已"①等,而将因明的真似置于西方论理学即逻辑学的视域中,其即非单纯的狭义逻辑的正确与错谬,同时上升为真理观层面的具有价值判定意蕴的"真伪"。虞愚认为:"论理学即所以研究思想活动之形式,并立其应守之方法,本之以求真理之科学也。简言之,即致真之学也。盖其所研究,不外立定规范以判别思考之真伪与指导吾人之思路,使循一定方向以获新知也。"②亦即,如果单从形式比较的向度来看,狭义的因明与狭义的逻辑更多的是关乎判断的真与似,即在非新知的层面确立思维的进程,而若从人类求得新知的角度来看,那就绝非单纯的逻辑形式层面的真与似的问题,而是直接关乎真理知识的真与伪之不同。两者之间表面上类似,其深层绝不相同。就此而言,涉及虞愚对西方逻辑形式的深刻认识与见地。从《因明学》《印度逻辑》等书的引用书目以及文字表达来看,虞愚不仅通过译著,更是通过对英文原著的研读,对西方逻辑史有了清晰的了解与精准的把握。一方面,他随顺其时代的比较惯例,从纯粹形式的方面将西方形式逻辑的核心即三段论与因明三支论式做对比,认为它们有相同之处,即均由三部分组成,但他秉承章太炎《原名》一文

---

① 虞愚著:《因明学》,中华书局1936年版,第2页。
② 同上,第22页。

的旨趣，明晰地指出了二者间的内在差别乃是本质性的，亦即不仅各自三部分的顺序不同，关键在于，虽然"因明'喻体'等于三段论法之大前提，而喻依则为其所独有，此其不同者也"①。即因明喻支所关喻依即"如瓶""如空"等经验性喻例，在三段论是根本不能容许其存在的，这一点非常重要，亦即形式逻辑是以抽空经验内容为根基的纯形式化的推理，而因明自义比量三支论式乃是必须与经验内容直接相关的一种"溯因论证"，若抽离论证所涉的经验内容，则其与因明体系的内在要求与逻辑规则乃是根本相违背的。不仅如此，虞愚曾以"金刚石可燃"这一立宗即命题为例展开详细分析，认为"三段论式意在示立说与原因与归结之关系，惟先列大前提，后出断案，未免有窃取论点（petitis principii）之性质"②。且三段论法"非由既知推求未知，直以既知包括未知也"③。与此不同，"因明论式先示论旨，后示论据，可谓顺思想进行之自然程序。又金刚石可燃宗，因明以因支三相之具阙作邪正之准绳，实可补逻辑充足理由原则（principle of sufficient reason）"④。另一方面，虞愚是从知识论的核心即如何形成新知-量果的角度来深化这一

---

① 虞愚著：《因明学》，中华书局1936年版，第26页。
② 同上。
③ 同上，第27页。
④ 同上。

认识，即不论是逻辑学、认识论，还是知识论，其核心的归宿在于能否形成新知，因此他对培根以来的归纳逻辑给予了极高评价："培根著有《新工具论》(*Novum Organum*)一书，以示反亚理斯多德之《工具论》而作，批评三段论法不适于探究新知而昌言归纳研究法。盖归纳法者，汇集特殊之事实，以精密有系统之观察，再加以审慎之分类，然后发见普遍之原理。其优点将已知包括于未知之范围，吾人只将已知之事实一一推求，而未知之大范围则可令刃而解矣。"[①]同时，他对严复所译英国穆勒所著《穆勒名学》即《逻辑之体系》亦给予高度认可，以为穆勒"对于亚氏所说弱点，多所指斥，而于归纳法尤独具只眼，所谓科学实验法，即彼所立也"[②]。可知虞愚绝非持一单一理性的狭义甚乃狭隘的逻辑观而确立自家的认识论主张，他是站在方法论的更高层面，亦即站在更高的生命实践的大全立场，勘透狭隘逻辑观所带来的弊端，原原本本地梳理出东西方逻辑学与方法论的异同，而非执一管见，进而一味臧否，故其能从偏重于因明论辩之逻辑性的"真似论"进而理悟出融认识论、逻辑学与知识论为一体的"真伪观"。基于这一内在的升华，不仅提升了东西方逻辑比较从形式到内容的层

---

① 虞愚著：《因明学》，中华书局1936年版，第23页。
② 同上，第24页。

次，而且加深了对东方因明体系自身性质更为深刻的理论理解，成为虞愚文化逻辑观乃至文化哲学思想体系的学术来源与义理支撑，尤其在虞愚后半生的学术生涯中，他对印度逻辑研究的重点已经从陈那逐渐转到法称，故其比较逻辑学的见地更加明晰。1982年秋冬之季，虞愚在中国社会科学院哲学研究所举办的佛学讲习班上主讲因明学，明确指出："即使可以把因明看成是相当于形式逻辑的一个学科，但它决不止是形式逻辑，不能等同形式逻辑。它有自己的特点，它包括从认识论到论辩法的各个方面。"[①] 即可以称名为佛家逻辑的因明学绝非如三段论那样论域狭小的逻辑学，虞愚明确地概述道：

  佛家逻辑还不只这一点，它包含着一些知觉理论，说得更准确一点，就是探讨人们在认识事物的总过程当中纯粹属于感觉部分的理论，探讨人们认识的可靠性理论，也探讨人们的知觉和意象认识外部世界的现实性的理论。因此，也可以说，佛家逻辑体系是认识论逻辑的体系。佛家逻辑包括了人类认识的全部领域，从初级的知觉开始，一直到一整套很复杂的公开辩论的规则为止。佛家把他们自

---

① 虞愚：《因明学概论》，见于刘培育主编：《虞愚文集》第一卷，甘肃人民出版社1995年版，第397页。

己的这种科学叫做逻辑推理学（即因明），或者叫做正确认识的来源的学说，或者索性叫做正确论式的调查研究，它是一种探讨真理同谬论的学说。①

就此而言，佛教因明的终极归宿乃是佛教量论，因为唯有量论即 pramāṇa-vidyā 才是关于确实性知识的理论。就中，即使作为量论性质之因明学所关乎的逻辑性质的"证明"理论，虞愚认为尚有三点必须给予注意，即"第一、讨论作为逻辑的知识在形成以前的内在条件。第二、确定证明在语言上的各种条件。第三、论辩事物的外在条件"②。而且"这三者之中，第一点是基本的，没有第一点就不可能有证明；第二点是论证的要素；第三点是附带的……"③。亦即没有现量直观就不可能有比量逻辑，由是反观虞愚对培根、穆勒之逻辑学之所以认可的理论依据在于，若无归纳逻辑对知识之来源的确立，则演绎逻辑等的证明理论必成无源之水、无本之木，根本就不能构成人类逻辑学与认识论乃至知识论的大全体系。人类逻辑学的大全体系乃是从现量到比量、从直观到论证的完备体系，即使欧洲逻

---

① 虞愚：《因明学概论》，见于刘培育主编：《虞愚文集》第一卷，甘肃人民出版社 1995 年版，第 396 页。

② 同上，第 397—398 页。

③ 同上，第 398 页。

辑学亦有相同的见地,那就是即使对于年轻时代的虞愚而言也已经非常熟悉的穆勒的知识观:

> 夫以名学为求诚之学,优于以名学为论思之学矣。顾后之病于过宽,尤前之病于过狭也。诚者非他,真实无妄之知是已。人之得是知也,有二道焉:有径而知者,有纡而知者。径而知者谓之元知,谓之觉性;纡而知者谓之推知,谓之证悟。故元知为智慧之本始,一切知识,皆由此推。闻一言而断其为诚妄,考一事而分其为虚实,能此者正赖有元知为之首基,有觉性为之根据。设其无此,则事理无从以推,而吾人智识之事废矣……总之凡心知可通之物,不此则彼,非其推知,即其元知,非觉性所本具,即由觉性而递推者耳……是故欲究心知之用,自明而诚之理,莫切于先区何者为元知,何者为推知。①

其中所说元知即 intuition,亦即直观。对于穆勒"元知"与"推知"的"二知说",虞愚极为推崇,并认为其与陈那、法称的"二量说"并无不同,明确断定"人类对知识的看法有共

---

① [英]约翰·穆勒著,严复译:《穆勒名学》,商务印书馆1981年版,第5、6、7页。

通的东西"①。进而虞愚认为:"但为什么只有这两种知识,根据何在呢？中国名学和穆勒名学都没有说明,而陈那却说得很清楚:'所量之境,不外自、共相故。''自相'用今天的话说就是特殊,共相就是一般。我们中国人讲'事理','事'偏于个别,特殊,多指自相;'理'大概是共相、一般。现量的'现'字有三个意义:一现在,区别于过去和未来。二现显,区别于隐晦的。三现成,区别于非造作的。现量是对现在的、显现的、现成的东西的直接认识。比量是通过类推和推论才能得到的知识。从陈那的角度来说,在人类知识领域里,除了自相、共相之外再也无所知之境了,所以能知之量也限于现量、比量,无法增减。这在哲学上是很根本的问题。"②由是可知,虽然虞愚早年学习的起点是狭义的形式逻辑,但以其独到的见地迅速跨越了逻辑学、认识论(心理学)等的学科壁垒,终于形成了基于"真似"进而思考"诚妄"最终归于探究"真伪"的文化哲学立场,并依此提炼出自家以"融贯论"为本位的哲学方法论体系,进而对东西方关于辨别"真伪"的哲学方法体系做出由浅至深的综合研究,将其一一厘清,完成了以陈那、法称"二量说"为最后归宗的文化哲学思想体系,这就是《怎样

---

① 虞愚:《因明学概论》,见于刘培育主编:《虞愚文集》第一卷,甘肃人民出版社1995年版,第409页。

② 同上。

辨别真伪》一书的最后完成。

从1936—1946年，即从二十七岁到三十七岁的十年间，虞愚先后在中华书局、正中书局、商务印书馆出版了《因明学》(1936)、《中国名学》(1937)、《书法心理》(1937)、《印度逻辑》(1939)、《怎样辨别真伪》(1946)五本专著。如果说前四种是旁通中西印文化而作的学术专论研究，则最后一种乃是超越具体学科、基于人类认识论与逻辑学的大全法则，综合会通所成就的具有理论与实践相结合意义的"世界论法"即"世界逻辑"之意蕴的文化哲学著作。该书虽只有78页的篇幅，但高屋建瓴、言简意赅，依据佛教量论因明的论辩方式，即按照从破他宗到立自宗的逻辑程式，辨析古今中外探求真伪的核心标准，精要陈述其内容，并依逻辑论证之规则一一论证辨析其得失，指明其在辨别真似方面的逻辑谬误与不足，最后归宗于以陈那、法称所开启之"二量说"为根本依据的"融贯论"之方法论，作为辨别真伪的大全标准与方法。篇幅所限，唯将其核心结构列表如下：

序号	标准	所涉文化内容	逻辑判定
1	本能	好斗、性爱等自然本能	不可靠且不完备
2	风俗	部落、种族公认之习俗	不可靠且不完备
3	传说	具有信仰性的历史累积	不可靠且不完备
4	普遍同意	人人信仰且普遍同意之默认	不可靠且不完备

续表

序号	标准	所涉文化内容	逻辑判定
5	情绪	唯自我之觉得	不可靠且不完备
6	感觉经验	感觉即事实之认识	非全可靠且完备
7	直觉	直觉经验之意识即为纯粹知识	非全可靠且完备
8	符合论	观念与实在不二即为真	非全可靠且完备
9	效用论	若具实际效用则思维为真	非全可靠且完备
10	融贯论	以现量为归且唯比量是从	既可靠且完备

依表可知，虞愚将人类文化辨别真伪的标准总结为三类十种，对此十种标准又设立判定其真伪的逻辑标准，即由因到果的可靠性标准与由果到因的完备性标准。从逻辑的观点看，其中诸如以生命个体之好斗、宗教取向、男女性欲等为特质的本能，以人类早期文化所形成公认性的行动方式、信仰与理想之总和为特质的风俗，以具有传承性、实验性为特质的传说，以超越时空、人人同意为特质的普遍同意，以自我觉得之感情为特质的情绪五种标准，若以其为因既得不出确定性的真伪之果，同时确定性的真伪之果也不能全以其为因而有逻辑地推出；继之，即使以洛克为代表所主张的感觉经验论，以克罗齐、叔本华、柏格森为代表所主张的直觉论，以罗素为代表的以观念与实在相符合为特质的符合论，以杜威为代表的实用主义哲学的效用论四种影响巨大的哲学流派所设定的不同标准，

虽然以其为因可以推出真伪的部分结果，但确定性的真伪之果不能够全部以其为因而有逻辑地推出；最后，唯有以现量（元知）、比量（推知）为共同构成条件的融贯论这一标准，才既能够以其为因而推出真伪之果，同时确定性的真伪之果亦能确实性地以其为因而推出。虞愚以其广博的知识、深妙的慧思，实事求是地分析了从人类早期文化就逐渐形成的本能、风俗、传说、普遍同意、情绪等文化功能的历史真实性以及其在人类生命演进中的重要作用与不可否认的文化价值，但他明确认为，若分别以其为辨别乃至评价真伪的标准，则在逻辑上是既缺乏可靠性亦缺乏完备性的；进而，即使是在西方哲学中可以成一家之言的经验论、直觉论、符合论、效用论所倡导的辨别真伪的标准，若将其置于严密的逻辑理性分析之阈，亦顿然呈现捉襟见肘、因果失据的诸多逻辑错谬，虽然比本能等标准具有更高的适度性，但作为辨别真伪的标准，在逻辑上也终究是难以圆满成立的。

四、民族命运与学术精神

如上所述，年近不惑的虞愚，以其超常的精进、超绝的智慧，不仅成就了东方古典逻辑向现代转型的诠释学伟业，而且以其融贯论的哲学方法论成就了那个时代作为文化哲学思想家的独特地位。甚为可惜的是，虞愚的后一项成就尚未引起学界的高度重视与学术性阐发，其大致原因有二：第一，虞愚的融贯论哲学奠基于古典量论、古典因明的学科体系，其核心用语如现量、比量、因三相等，皆严守古法、原汁原味，不像同时代的哲学家那样多造新词如"翕辟成变"等，故其精深的哲学原创，尤其是"世界论法"即"世界逻辑"的体系建构，往往被淹没于他的因明学、唯识学、中国名学等专项研究中；第二，若想真正理解虞愚的融贯论哲学方法论体系，就非得深研精通因明学、量论学经典不可，如陈那的《门论》《集量论》，商羯罗主的《入论》，特别是法称以《释量论》《正理滴论》为代表的"七部量论"，以及唯识心理学的庞大体系，其涉及哲学直观论与逻辑论证学最为深邃、最为精微的两大学科，而且关乎人文研究的基底，即直观体验与逻辑论证二者之间的内在关系，而因明学至今在中国学界仍被列为第一层阶的"绝学"，可见其学说必然是"藏在深闺人未识"。但对虞愚本人而言，融贯论哲学既是其学术体系的原创，同时也是其内在精神生命的本然与必然。可以说，虞愚的一生是融贯论学术活动的一生，同时是融贯论生命体验的一生。1948年初，年近不惑的他曾系统地阐释曰：

  宇宙本身便是"情""理"的连环体，人生实质便是情理的集团。由理智的发展而具体的表现，首推科学；科学可以说是人类精神离心力的"理智"之表现。由情趣的发展而有具体的表现，首推艺术；艺术可以说是人类精神向心力的"情趣"之表现……执其两端，性质迥异，合其两端，构成一圆满的人生，则理智与情趣，是互相贯串，如鸟之双翼，车之双轮，缺一不可，分割不得。①

这种融贯论性质的人生观贯穿于虞愚的一生，一如他在从事因明学、逻辑学、思维哲学等高度抽象的人文科学研究之同时，从未放弃关于直观性质的书法艺术、诗歌艺术的精进追求，他曾夫子自道曰："吾之生命，可瓜分为三：一予因明，一予诗，一予书法，如是而已！"② 所说因明也曾被表述为哲学。而在书法方面，其深得弘一大师书道之精髓，自成"虞体"，1937年，二十八岁的虞愚就在商务印书馆出版书法理论专著《书法心理》，影响至今。十年后，三十八岁的虞愚应邀赴台湾讲学并举办"虞愚书法展"。1981年中国书法家协会成立，虞愚当选为协会创会理事，今有《虞愚墨迹》（厦门大学出版社，2009）传世。就诗歌而言，其自幼就谙熟杜诗并精进创作，1943年三十四岁时辑成自选集《虚白楼诗》，于1948年由厦门

---

① 虞愚：《科学、艺术与人生》，见于刘培育主编：《虞愚文集》第二卷，甘肃人民出版社1995年版，第1000页。

② 陈慧瑛：《竹园轶事》，见于刘培育主编：《述学　昌诗　翰墨香——纪念虞愚先生》，厦门大学出版社2009年版，第228页。

风行印刷社刊印，另有《试论屈原作品》(1954)、《变文与中国文学》(1958)、《杜诗初探》①等专论。1979年，七十岁的虞愚受聘为中国社会科学院文学研究所兼职研究员。在生命的最后岁月，1988年，虞愚在病榻上完成了《虞愚自写诗卷》②与《法称在印度逻辑史上的贡献》的论文写作，依据其一贯的文化哲学理念，成就了自家理智与情趣贯通的圆满生命。

纵观虞愚的一生，其之所以能够成就情趣与理智融贯的生命极高境界，有以下三方面的原因：

第一，生命个体自由意志的自觉与内在确立。如前所述，年轻时代的虞愚，由于受到佛教理论与自家生存境遇的感染，已经明了透达生命无常的道理，但即使如此，直面无常必须确立自我生命内在永恒的超越精神，那就是超绝于生灭灭生的自我意志与自由意志。其早年诗作《登北高峰》曰："飘然凌绝

---

① 该文篇幅较长，创作时间不详，见于刘培育主编：《虞愚文集》第三卷，甘肃人民出版社1995年版，第1140—1221页。

② 叶秀山先生对虞愚诗书成就有专门评述："我与虞愚先生同事，不过他来哲学研究所晚，专业不同，又是前辈学者，所以接触甚少……虞先生专治佛学因明，学理分殊，我是外行，不敢置一词。今蒙虞先生家属赠送《虞愚自写诗卷》一册，展卷阅读，才知虞先生原是才情横溢，语出感人的诗家，这本自写诗卷，可谓诗书双绝。"叶秀山：《〈虞愚自写诗卷〉读后》，见于刘培育主编：《述学　昌诗　翰墨香——纪念虞愚先生》，厦门大学出版社2009年版，第181页。

顶，四顾我为峰。江水相争派，天风一荡胸。野荒云似海，地迥岭如堋。呼吸通星界，能留物外踪。"①与杜甫"一览众山小"的写法不同，"四顾我为峰"彰显出现代人关于人之存在的自觉意识的绝对性，但尽管如此，此"我"绝非"我执""我慢"之我，唯为通于星空、超然物外之本我，亦即佛教所说虽五蕴和合但本无自性之我，故虞愚在《漫题》中曰：

所以冲决宇宙之网罗者，如是其虚；所以拔有情之苦者，如是其孤。吁嗟呼！不有以持之，其何以居！②

面对宇宙之网、众生之苦，一方面必以虚无实体之身心而直面之、超越之，以生命本无"我"故；同时必以无缘大慈而生救度他者的大心大愿，以深深的同体大悲乃生命个体之本然故。若不同时具备此二者，则必然失去人之为人的根本依据。正是在这种深刻的人生观的指引下，虞愚一生虽历尽磨难，但内心一直都是坚毅隐忍、豁达乐观。1972 年被台港两地厦大校友一再误传受到迫害而"英年凋谢"③的虞愚从厦门返

---

① 虞愚撰：《虚白楼诗》，厦门大学出版社 2017 年版，第 9 页。
② 同上，第 66 页。
③ 路江：《我所知道的虞愚教授》，见于刘培育主编：《述学　昌诗　翰墨香——纪念虞愚先生》，厦门大学出版社 2009 年版，第 104—105 页。

回北京宣武寓所，①即赋诗曰："宣南已是三年别，留命重来喜可知。大国足稽天下士，长城或待北山诗。天回地转开生面，雷动风行值盛时。从此不忧豺虎乱，五洲四海认红旗。"②所说"重来"是特有所指，虞愚先是于1939年底在重庆毅然辞去于右任办公室主任一职，弃仕从教，自1941年初到1942年底在国立贵州农工学院（后扩建为国立贵州大学）任论理学即逻辑学讲师、副教授，1943年回到故乡，在厦门大学一直工作到1956年，并于是年8月"由周恩来总理亲自调到北京撰写锡兰（斯里兰卡）佛学百科全书条目"③并留居北京法源寺。在那样艰苦的年代，"长城或待北山诗"所呈现的是何等的生命自信与生命的浩然气象！

第二，亲炙诸多大师与因明学的专门研究。1924年，十五岁的虞愚因"母亲逝世，痛彻心脾，颇思研究佛典，遂赴武

---

① 虞琴女士曾有如下记述："在厦门的那三年里，爸爸政治上顶着巨大压力，精神上承受种种歧视和痛苦，再加上生活上贫困潦倒，他的身体一垮到底了。几次住院，医生都发出了他病危的通知。"虞琴：《执著的爱，执著的追求——回忆我的父亲》，见于刘培育主编：《述学　昌诗　翰墨香——纪念虞愚先生》，厦门大学出版社2009年版，第154页。

② 虞愚：《十月二十八日又至北京》，见于刘培育主编：《虞愚文集》第三卷，甘肃人民出版社1995年版，第1243页。

③ 林夏水：《身居陋室无怨言　一心治学感后人》，见于刘培育主编：《述学　昌诗　翰墨香——纪念虞愚先生》，厦门大学出版社2009年版，第94页。

昌佛学院学习"①，得以初见太虚大师；1931年太虚为厦大讲授"法相唯识概论"，虞愚负责笔录整理文稿，后经太虚推荐，虞愚赴闽南佛学院讲授国文课程，亲得大师教诲，开始系统性的唯识尤其是因明学的研究。1936年虞愚《因明学》出版，太虚大师为之作序，有曰：

  山阴虞德元学士愚，尝从予问学，有文艺才而对论理学亦深有研究，少时所作诗歌，曾选入《石遗室诗话续编》，比年在闽南佛学院作教，又有因明学之作，根据古论疏而采择近人最明确之说，以相发明，并进而与西洋逻辑及名辩归纳诸术，互资参证，冀为介绍因明学入现代思想界之一方便，数数请予余序之，予喜其能抉隐明微，乃书此以发其凡焉。②

太虚大师于1947年圆寂，虞愚在《太虚法师挽词并序》中写道："一老匡庐下，岩岩柱杖尊。孤怀照苍莽，万化见根源。本

---

① 虞琴：《虞愚年表》，见于刘培育主编：《述学　昌诗　翰墨香——纪念虞愚先生》，厦门大学出版社2009年版，第238页。

② 太虚：《太虚大师序》，见于虞愚：《因明学》，中华书局1936年版，第1页。

性沉迷久,自由反复论。吾生缘不浅,屡矣接微言。"①可知虞愚一生慧命的开启多得益于太虚大师生命自由论的点化。

1928年,十九岁的虞愚中学毕业,即赴南京支那内学院亲随欧阳竟无先生研习唯识学、因明学,曾呈诗明志、以谢师恩:"谁非灯幻星翳客,某亦东西南北人。别有微言发深省,观缘智即是因因。"又:"独为斯文持一念,坐令发语尽惊人。感师起我凌霄志,旷劫蹉跎已畏因。"②1938—1940年,虞愚在重庆得与欧阳竟无重逢,再次聆听教诲,并兼任汉藏教理院文学、哲学课程讲师。1943年,欧阳大师圆寂,虞愚作《竟无大师挽词》曰:"历劫苍茫此一灯,平生俯仰最高层。深谈直到沧溟尽,寂照惟推孔佛能。孤处冥搜心悱恻,千秋自许骨崚嶒。人天何处音尘接,呜咽江涛恸不胜。"③太虚、欧阳竟无二位宗师的"微言",是虞愚一生慧命的般若灯!

虞愚亲近过的佛教大师还有弘一法师。1937年前后,弘一大师驻锡南普陀寺,虞愚时常过从,得观一代宗师戒体、戒相之圆德境界以及超言的妙明智慧,并由是发大忏悔心:"唤梦疏钟铿自定,啮桥流水去无还。嗟予浪迹罹尘坱,来侍师前

---

① 虞愚撰:《虚白楼诗》,厦门大学出版社2017年版,第9页。

② 虞愚:《支那内学院人日大会呈竟无大师即次陶闇士原韵》,见于虞愚撰:《虚白楼诗》,厦门大学出版社2017年版,第17页。

③ 虞愚撰:《虚白楼诗》,厦门大学出版社2017年版,第22—23页。

几汗颜。"①虞愚曾回忆说:"每次去看他,法师都很少讲话,两人常是静静地坐着,但从法师慈祥的脸上,给人觉得所要问的事都得到答复了。"②尤其在书法方面,"法师从来没和他谈论书法,更别说指导,而先生的书法却是从法师的墨迹和人品得到启迪。先生常说:'法师写字,一点一画的位置,好像天造地设,移动不得。'"③虞愚《题弘一法师所书〈金刚经〉》曰:"须弥作笔香水墨,龙蛇飞舞何时息。直欲文字放光明,照破十方沉云黑。"④可知虞愚所得到的乃是无言的启迪、智慧的灌顶,并由此取得了书法上的超越性成就。欧阳中石先生曾有记述:"笔会上我亲睹了虞先生作书的丰仪神采,不管写大字还是小字,他都是用着全身的力气,无一笔稍懈,虽然落纸的笔姿显得很是温婉和淡,然而细细体味,却觉得其中含蕴万殊,似乎有一种静穆冲和,虽无强力而有含蕴之势,书卷之气韵沁人心脾。细细读来,深受感染,尤觉弘一的恬淡,佛祖的容若,靡

---

① 虞愚:《登阿兰若处呈弘一法师》,见于虞愚撰:《虚白楼诗》,厦门大学出版社2017年版,第22—23页。

② 转引自王守桢:《学者·诗人·书法家虞愚先生》,见于刘培育主编:《述学　昌诗　翰墨香——纪念虞愚先生》,厦门大学出版社2009年版,第165页。

③ 同上。

④ 虞愚撰:《虚白楼诗》,厦门大学出版社2017年版,第21页。

不收纳的空空气象，令人肃然起敬。"①亦即虞愚的书法已经达到了像妙而无我、无我而像妙的境界。当然，若论说虞愚的书法，不能不提到他与于右任先生的交往。1929年，二十岁的虞愚在上海大夏大学读预科，曾携所临《三希堂法帖》求教于一代宗师于右任先生，先生大喜过望，在其临本上即兴题词曰：

> 佛家道家造像之传于今者，因修养深也。竹园弟以青年而精研佛学，作书复有天才，勉之勉之，他日皆当大成也。②

由是之缘，虞愚于1936年、1938年到1940年底，任监察院于右任办公室主任，多得教益，受用终身，今日反观于先生的勉词又是何等慈爱与精准。

第三，个人精神与民族命运的交织。从1936年到1946年的十年间，虞愚以其五部开创性的著作奠定了一生的学术基础与地位，并成就为那个时代独具风格的以融贯论为表征的文

---

① 欧阳中石：《与虞愚先生过从的回忆》，见于刘培育主编：《述学 昌诗 翰墨香——纪念虞愚先生》，厦门大学出版社2009年版，第27页。

② 转引自虞琴：《虞愚年表》，见于刘培育主编：《述学 昌诗 翰墨香——纪念虞愚先生》，厦门大学出版社2009年版，第239页。

化哲学思想家，而那十年的峥嵘岁月，如我们所熟知，恰是中华民族内忧外患、危在旦夕、最为艰苦与艰难的时代。但天将降大任于斯人也，超越个体小我的藩篱而将生命融入时代的洪流，为往圣而继绝学，为人类而开太平，立足学术本位，实现文化担当，就此而言，虞愚确实是那个时代的佼佼者。1938年5月20日，亦即厦门失陷后的第七天，逃难到了香港的虞愚在《印度逻辑》"自序"中写道："予自少喜运用思想及范围思想之法则。十年前负笈武昌佛学院及南京支那内学院，对于因明唯识之学，颇感兴味，然而平生怀抱辄不自揆，思欲冲抉宇宙之罗网，'为天地立心，为生民立命，为往圣继绝学，为万世开太平'。惟以奔走故，展转难偿，甚矣其苦也。民十九年秋，应太虚法师命，始执教鞭于闽南佛学院，课余写成《因明学》《中国名学》《书法心理》三书，先后付中华、正中、商务书馆出版……二十六年春，在京出席中国哲学会第二届年会，宣读《互涉的原理》论文，得与海内专家相聚一堂讨论学理，深感致力学术为复兴民族之根本要图，为人类无限之前途计，正有待于学术上做一番彻底之改造与建设。"[①] 随后，卢沟桥事件爆发，日本大肆侵略中国，虞愚悲愤地写道：

---

① 虞愚：《印度逻辑》，商务印书馆1939年版，第2页。

去秋芦沟难作，主权与领土之丧失，几有日蹙百里之概。暴敌挟其武装力量之优越，蔑视国际联盟，破坏非战公约，故违历史惯例，不经宣战手续，而占领我土地，屠杀我人民，直欲率人类返于獉獉狉狉之境，绝非二十世纪所谓"文明时代"所宜有之现象也。余困蛰厦门，既不忍默视其沦胥，复无从假手以共济，则舍致力学术又奚由自励自献哉？于是乃立志写成《印度逻辑》一书，深期是非之法则日彰，人类社会或有公理之可言，顾此书草创之日，频闻空袭警报，脱稿之后十日，又值厦门沦于敌手之时，序此益滋余痛矣。①

可知，作为民族苦难的亲历者，虞愚对于日本帝国主义的战争罪行有着极为深刻的认识，即其见地绝非民族仇恨、民族歧视所能阈限，乃为文明与野蛮之必然分野，因此，对于毫无道义的侵略战争而言，要从人类普遍性的理性法则与普遍性的逻辑公理层面给予文化深层的认识，这也正是前述虞愚主张"世界论法""世界逻辑"的本怀之所在，亦即人类欲消除野蛮所带来的无穷灾难，则必须在人文学术的基底建立人类普遍逻辑与认知的大全体系，原因在于，野蛮行为的发生

---

① 虞愚：《印度逻辑》，商务印书馆 1939 年版，第 3 页。

实质源于野蛮的观念，而野蛮的观念又实源于人类野蛮的心理。对此，虞愚早在1935年就曾做过深刻的阐释："我们要知道心理学在近代成为各科学最重要学问的原因，因为人类过去的进步由能控制物质的势力，自然科学的研究，发明各种的仪器，制造各种御敌的工具，就是一个证明。不过人类将来的进展如何，必定要看人类自己能不能控制，假使人类将来对于自己的控制还是毫无办法，那末物质势力愈增加，亦许是毁灭自己的生命愈快。现在国际间的侵略冲突，国内地盘的割据，私人的争夺，都是呈现出控制自己还是毫无办法，这种表示除非在心理学上谋救济的办法，是没有再好的途径，所以心理学无论是在现在或是在将来，都是占极高的地位，在英美德俄已经是显明了。本文所讲是唯识上关于心理学的一点知识，可是对于人类所以不能控制自己问题的症结，却有指出，这一点也许是唯识的特色，至于转识成智'无漏的心理学'那是属于修证的问题，不是常人所能证验，只好存而不论了。"[①] 依据东西方文化会通的向度，虞愚对唯识作为一种心理学类型的学术做了深度的划分，即"经验心理学"（"有漏的心理学"）与"超验心理学"（"无漏的心理学"），即使只就经验心理学而言，其

---

① 虞愚:《唯识心理学大意》，原载《民族杂志》1935年第3卷，第6、7号，见于刘培育主编:《虞愚文集》第二卷，甘肃人民出版社1995年版，第743页。

分析人类心理的学术目的，唯欲解决人类自我控制的根本办法，亦即唯"心净则国土净"！虞愚不仅把唯识这一古老学术的现代价值阐释得如此明了，即使在今天也是学理深邃、直指人心的上上教诲！不仅如此，如果基于文明的立场，则现代民族与现代国家，其更为根底的乃是民族的文化。在《印度逻辑》出版前后，虞愚极为深刻地研究了这一问题，他明确地指出："国家的生命历程，是取决于文化生命的历程。一个国家矗立在宇宙间，不为别个国家所征服，所消灭，甚至所同化，除了'人民'、'主权'、'土地'以外，即以'文化'为基本之要素；所以某一个国家生命之绵延，依靠于某个国家自己文化底创造力；因文化的发扬光大，更孕育国家生命的果实。文化永不衰退，国家亦永久存在。文化是国家机体的内分泌，与国家的废兴存亡，恰恰成正比呢……文化尤为重要，合'领土'、'主权'、'人民'为现代国家立国的要素，缺一不可，分割不得。"[①] 基于此，虞愚对当时的中国文化做出了极为深刻的领悟以及具有战略前瞻性的理性分析：

　　……所以帝国主义之灭人国，必先消灭其文化。我们

---

① 虞愚：《文化的性质及其种类》，原载《青年中国季刊》1935年第1卷第1期，见于刘培育主编：《虞愚文集》第二卷，甘肃人民出版社1995年版，第1013页。

相信中华民族决不会被日本帝国主义者所征服,是基于中华民族有光荣灿烂悠久的文化,只有吸收,不会衰退,只有反应,不会死灭。海通以还,主权与领土之丧失,与年俱积,最痛心者,就是帝国主义者对于文化之侵略,使我们国基根本动摇;尤可痛心者,文化的衰退,不尽由外来的征服和劫持,而每出自己的鄙弃与摧残,万一国家陷于绝境,为埃及犹太印度之绩,我子孙欲知中国文化,恐怕还要到国外去搜寻呢!我们尊重中国本位文化,当然不是夸大自己民族文化是如何如何的伟大,好像万能似的;但也不像主张全盘西化者流,因看中国文化有些弱点,遂因噎废食,看不起自己文化,而抹煞几千年先哲心血所凝成的文化基础。我们只承认中国文化有其本身的价值,国人须知所以爱护之道;中国文化有适合建设现代的资料,国人须知选择采用;中国文化含有科学原理,须待继续研究改良进步;中国文化有合新时代精神,须本世界眼光融会贯通;必先唤起其自信心,分析,整理,尽量发挥其优点,设法克服其缺点,然后中国文化乃为活文化,有世界性且有未来性的。①

----

① 虞愚:《文化的性质及其种类》,原载《青年中国季刊》1935年第1卷第1期,见于刘培育主编:《虞愚文集》第二卷,甘肃人民出版社1995年版,第1014页。

这不啻为那个时代中华学人一篇伟大的文化宣言，虞愚正是抱着中西印文化"融会贯通"的观念，继而创作了《怎样辨别真伪》，成就了文化哲学的一家之言，而且其后半生孜孜以求，以抢救传承因明绝学为核心，为中华学术贡献了全部的心血与生命。对此，笔者曾做过精要的概括："虞愚先生是民国时期我国因明学复兴运动最为重要的见证者、参与者、推动者之一，是解放后因明绝学抢救运动的真正发起者和组织者，以其精深广博的拓展、独具慧心的领悟，成就为因明学术的一代宗师，成就为风格迥异的因明哲学思想家。"[①]

结　语

曾经的当下已经成为历史定格的——陈迹，但不是目前法而如在目前者，乃是那诸多文化前辈的清晰面影。以一种更为开放的心态而重温虞愚先生的一生，我们会深深体会到，即使对于中国文化以及世界文化的未来，虞愚的学术成就以及文化哲学体系，都不是过往的暂时停止而是涌向未来生生不息的深深流动。生命个体融于国家民族，国家民族成就于生命个体，由是创造传承美好文化的永久未来。正如当年想消灭中

[①] 此为顺真2021年应虞愚先生之女虞琴女士之邀为虞愚铜像所拟简介。

华文化的日本帝国主义最终走向灭亡，因此，即使在今天也没有谁能够阻止一个民族文化创造的脚步，但这需要每一个自由的生命个体的精进努力，正如虞愚先生当年饱含深情对整个中华民族所呼唤的那样："希望提取我们研究的心神，提高些！再提高些！不要忘却我们的责任，掀起我们神圣的责任，笑向前面走，保存，研究，创造，都是我们的好友，我们以自强不息的精神，致力抗战建国伟大事业的基础工作，使'声''明''文''物'四项所包括的语言，音乐，艺术，文学，军备，生产物等，一一都充实起来，同声朗诵文化生命胜利之歌！"[①] 这是时代文化的最强音，是中华民族伟大复兴的号角，它从未停歇，从未消逝，在中华大地永远回响！！！

[①] 虞愚：《文化的性质及其种类》，原载《青年中国季刊》1935年第1卷第1期，见于刘培育主编：《虞愚文集》第二卷，甘肃人民出版社1995年版，第1033页。

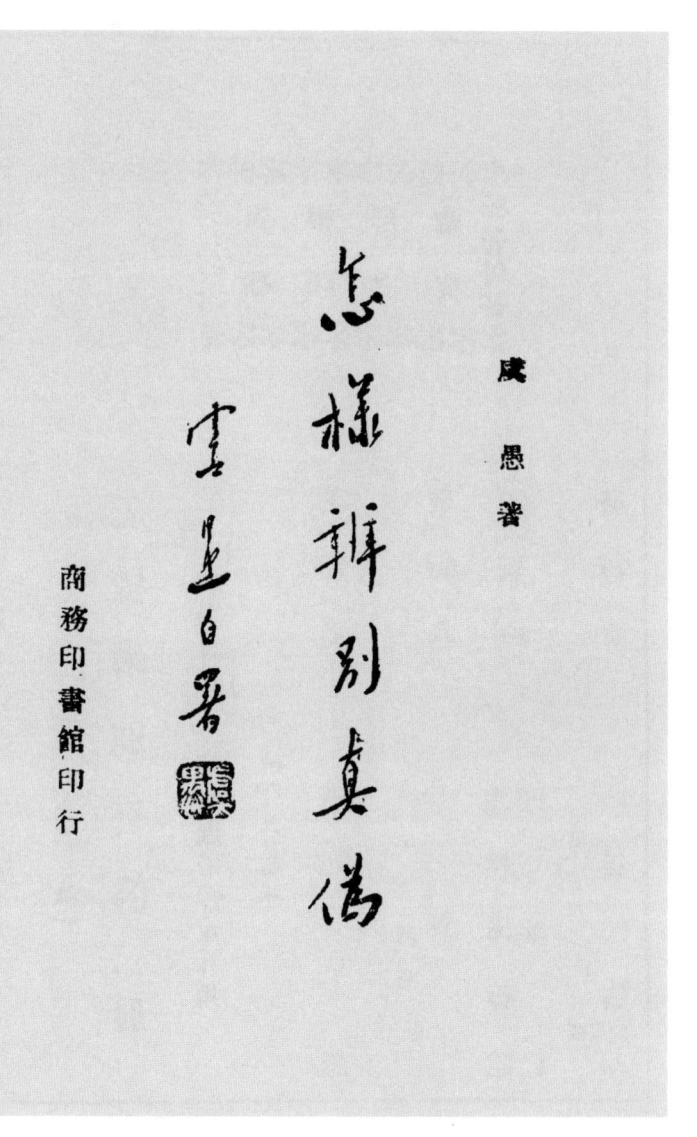

《怎样辨别真伪》1946年初版封面

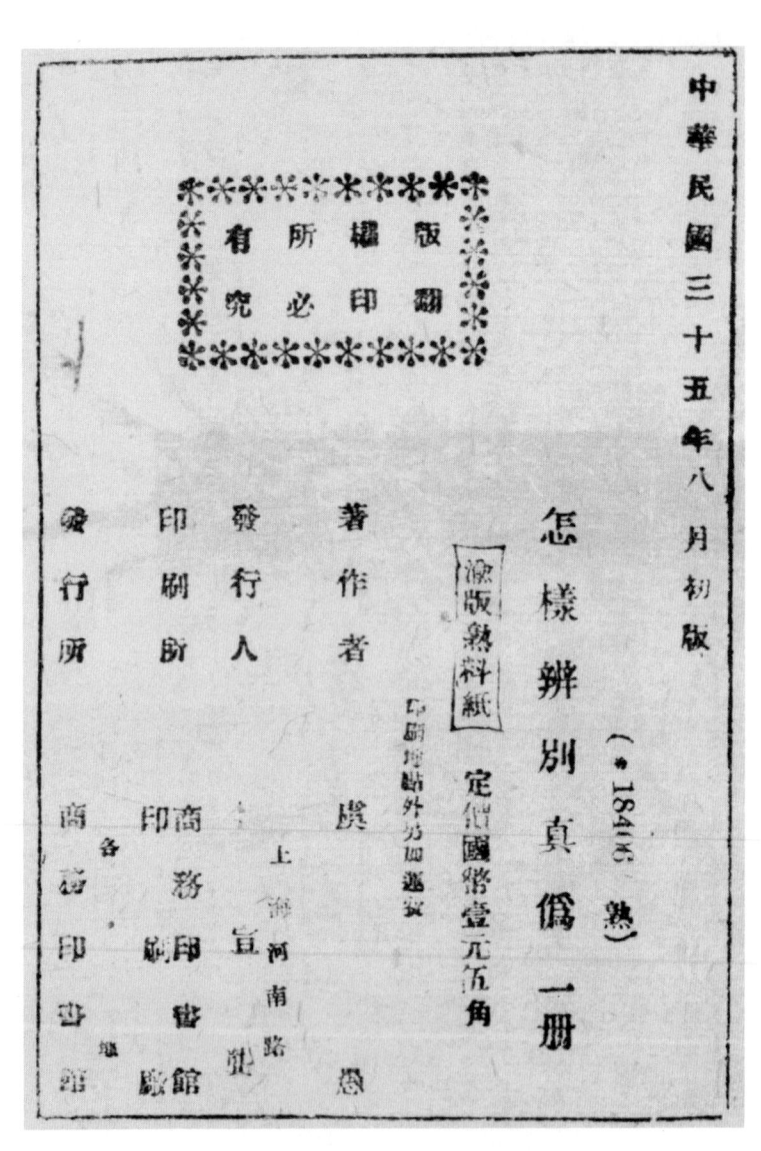

怎樣辨別真偽 一册 (＊18406 熟)

中華民國三十五年八月初版

版權所有 翻印必究

定價國幣壹元五角
漁版熟料紙
印刷運勘外另加運費

著作者　虞　愚
發行人　上海河南路　宣覺
印刷所　商務印書館印刷廠
發行所　商務印書館　各總館

《怎样辨别真伪》1946年初版版权页

怎樣辨別眞僞

Philosophy, though unable to tell us with certainty what is the true answer to the doubts which it raises, is able to suggest many possibilities which enlarge our thoughts and free them from the tyranny of custom (B. Russell, The Problems of Philosophy, p. 243).

哲學雖然不能對於它所發生的疑難予以確鑿的解答，但它卻能提示許多可能的答案。這樣，可以擴大我們的思想，並可以從橫慮的慣俗中，將思想解放出來。

一．邏輯底發展的要略

哲學以模仿眞理爲目的。研究哲學的態度，原始要終，亦以眞爲歸，或陷理是德。假使以哲學爲「迷宮」的話，那麼，知識論 (Epistemology) 如門戶，本體論 (Ontology) 如廳室，價值論 (Asciology) 如房室。人類造房屋的時候，最初以求安息爲主要目的，似至我們一天歸宿的地方，價值論或人生哲學就好像我們一生的歸宿處。人類經濟能力稍爲充裕，致許注意廳

一　邏輯底發展的要略

《怎样辨别真伪》1946 年初版首页

月處見多月像。三、形錯亂，謂於此形起餘形增上慢。如於旋火見彼輪形。四、顯錯亂，謂於顯色起餘顯色增上慢，如爲迦末羅病（Kamala）損壞眼根，於非黃色，悉見黃相。五、業錯亂，謂於無業起有業增上慢。如熱季馳走，見樹垂流。六、心錯亂，謂即於前五種所錯亂義，妄想堅執。若非如是錯亂所見者，即名現量。七、見錯亂，謂於前五種所錯亂義，見樹變流。六、心錯亂，謂即於前五種所錯亂義，妄想堅執。若非如是錯亂所見者，即名現量。因明入正理論更說：「此中現量謂無分別，若有正智於色等境，離「名」「種」等所有分別，（離「名言」分別「種類」分別「假立」分別）現現別轉，（謂現量智刹那刹那相續生起，此中刹那唯約現在，雙簡過去未來，故名現現。由現量智，從「種」生「現」，纔生即滅，實無住義。種（潛能）各別生，現（現實性）非一體，是故說言現現別轉。）故名現量。

（譬言之，即憑藉智慧實證字宙間一切事物的「自相」是爲現量。）在「共相」方面，須藉「現證」。

總之我們要辨別眞僞，往「自相」方面，後者曰理。準事的理，天下的是非自定。那些不明是非同異的眞相，而妄說世間沒有眞僞，沒有準則的人，抑亦可以少休吧！

《怎样辨别真伪》1946年初版尾页

目录

校注编辑说明　/ i

导读：一代宗师虞愚先生文化哲学思想述评　顺真　汤伟　/ iii

自　序　/ 1

怎样辨别真伪
- 一　逻辑底发展的要略　/ 8
- 二　真理的意义　/ 30
- 三　以本能为标准　/ 35
- 四　以风俗为标准　/ 39
- 五　以传说为标准　/ 42
- 六　普遍的同意　/ 45
- 七　以情绪为标准　/ 49
- 八　以感觉的经验为标准　/ 53
- 九　以直觉为标准　/ 61
- 十　以符合论为标准　/ 71
- 十一　以效用论为标准　/ 77
- 十二　以融贯论为标准　/ 88

后　记　/ 117

自 序

  夫真伪岂易辨哉！于昔有本能、风俗、传说、普遍同意之说，于今有情绪、感觉、直觉、符合、效用之争，① 冰炭不同，主奴各执；在己者务必欲张之，异乎己者务必欲黜之而后快。世人徒知事物真伪之不易辨，而不知辨别真伪之学说，尤不易辨也。呜乎，是又岂知辨别真伪，亦必有融贯同循之轨道，并不局于一隅一曲乎！②

---

  ① 虞愚先生本部著作的逻辑结构，是严格按照佛教量论因明立宗辩论的一种程式即由"破他宗"到"立自宗"的内在理路而展开，就中从"本能"到"效用"共计九种标准是其所要驳破的他宗标准，而唯最后以"二量说"为归宗的"融贯论"才是其所欲确立的自宗标准。

  ② 真伪之别、是非之辨，先秦庄子论之尤深。《齐物论》曰："道恶乎隐而有真伪？言恶乎隐而有是非？道恶乎往而不存？言恶乎存而不可？道隐于小成，言隐于荣华。故有儒墨之是非，以是其所非，而非其所是。欲是其所非，而非其所是，则莫若以明。"《自序》义贯，以此为基，其意幽深，试释之曰：道隐（道被遮蔽）则有真伪，言隐（言被遮蔽）则有是非。故欲辨真伪则必祛对道之隐，欲明是非则必除对言之隐。道无隐则"自相"朗耀，言无隐

哲学之目的，原始要终，固以真为归，或唯理是从。古今以哲学著名之国，必其国人能乐道好学，爱智崇理。若西方之希腊，东方之中、印，最足代表此种精神。① 惟研究之态度，则有主立宗及主博知之别。主博知者，诸家学说，分类缕述，叙说弥详，少加论断，诵习记忆，蔚为大观。然谓研究哲学以是为极，则不惟沧海扁舟，靡所归宿；必至人云亦云，无有是处，闻知虽博，徒类书簏。② 研究哲学而若斯，诚不若不研之为愈也。若夫主立宗者则异乎是，古今学派以次胪列，纯以正见，提出问题，遇有疑似，摧破无遗。虽易司是非若发机括，守胜如留诅盟，然苟先纵之以博，返之以约，抉择群言，归于

则"共相"明晰。而所言"自相"即"事"（真实存在），所言"共相"即"理"（逻辑道理）。"事"为"理"之根，"理"为"事"之表，故下文曰"准事酌理"。"事""理"贯通，不可偏废，方为辨别真伪所"融贯同循之轨道"；"事""理"不二、自共双融，方能使"辨别"皆归确然，是为序末所说"莫若以明"。"明"既指道家"环中"之"明"，亦表佛家"因明"之"明"。

① 这是虞愚的一贯看法，其在创作本书的前十年就曾详细论述曰："吾尝以为世界上比较有系统之学术思想，惟希腊、印度及中国三系而已。北非及西亚之文化经地中海传布于南欧，发展而成为西洋最古之希腊文化及罗马文化。中国及印度文化亦经中亚互相冲突互相调和，终普及于全亚。"虞愚：《中国名学》，正中书局1937年版，第3页；又见刘培育主编：《虞愚文集》第一卷，甘肃人民出版社1995年版，第435页。

② 簏：音lù，竹箱。《晋书·刘柳传》曰："卿读书虽多，而无所解，可谓书簏矣。"

一宗；既无犹豫不成之病，亦鲜武断偏颇之患。况真理必待反复辩论而后明，疑似必待展转推求而后见，此是彼非，彼破此立，如水火不相处，冰炭不相容，研究哲学求真自矢，固宜定于一是乎？

兹编讲述，取径立宗，不舍博知，先由历史演进批评各种标准所以难于成立之故，其目次多依西哲勿莱门①之所列，然内容则参酌群书融以己见，而以"现""比"二量为依归。②盖由所量之境，不外"自""共"二相故。③宇宙间一切事物之实

---

① 勿莱门：具体所指不详。

② 综观虞愚一生内在生命体验以及学术探讨所形成独具特色的文化哲学体系，其以清末民初以来普遍逻辑学学科为入手点而划定自家的研究视野，以陈那、法称所创立的大乘佛教量论因明学体系为认识论与知识学的学统根基，且以陈那、法称"二量说"（现量与比量）为哲学基础方法论的最后依据，会通东西、熔铸古今而成一家之言。就本书关于"二量说"之古典文献的征引以及基于哲学方法论向度的精要阐释，详见最后一章《以融贯论为标准》，而关于"二量说"又何以能够真正成为具有普遍知识论与普遍逻辑学意蕴的辨别真伪的普遍标准，可参见顺真的《印度陈那、法称"二量说"的逻辑确立》（《逻辑学研究》2018 年第 3 期）、《陈那、法称"宗论"阐微》（《哲学研究》2019 年第 11 期）、《印度陈那、法称量论因明学比量观探微》（《中山大学学报》2019 年第 6 期）。

③ 从此句到本段末是虞愚对二真二似的严格界定，精准畅达，是其对先前自家著述的承续与提升。参见虞愚：《印度逻辑》，商务印书馆 1939 年版，第 88 页；又见刘培育主编：《虞愚文集》第一卷，甘肃人民出版社 1995 年版，

义各附己体为自相；能知之者曰现量。假立分别通在一切事物为共相；能知之者曰比量。分明证境之自相曰真现量。推度决知于境之共相，曰真比量。貌似显现证知而不如于境之自相者，曰似现量。貌似推度决知而不如于境之共相者，曰似比量。今欲"自悟"（Useful for self-understanding）、"悟他"（Useful in arguing with others），① 即在如何辨别真似，及如何摧似存真耳。知识之中，除"自""共"二相外，更无量境，故能知之量，亦莫由成三。②

第 191 页；又见虞愚著，单正齐编：《虞愚文集》，商务印书馆 2018 年版，第 222 页。

① "自悟""悟他"：合称"二益"。大唐贞观二十一年（647），玄奘大师译出陈那弟子商羯罗主的《因明入正理论》，成为"汉传因明"传承体系源头性的根本经典，对此虞愚有相关评述曰："本论的全部内容，在开头有总括一颂说：'能立与能破，及似唯悟他。现量与比量，及似唯自悟。'这就是后人通说的'八门'（能立、似能立等），'二益'（自悟、悟他），实际包涵了诸因明论所说的要义。"虞愚：《因明入正理论科文》，北京三时学会 1933 年印行，见于沈剑英总主编：《民国因明文献研究丛刊》8，知识产权出版社 2015 年版，第 11 页；又见虞愚：《〈因明入正理论〉的内容特点及其传习》，《现代佛学》1959 年第 1 期。

② 量：梵文为 pramāṇa，是佛教量论因明学最重要的基础概念，其含义有两种解释：第一，pra 为先为始，māṇa 为称量为了别，故量即"最初称量之义"；第二，pramāṇa 为 pra（真实）+ √mā（知、知识）+ana（开端、工具），义为"正知之出处""获得正知之方法"，即哲学与逻辑学所言确实性知

庄子有言："人之生也，固若是芒乎？其我独芒而人亦有不芒者乎？"①准事酌理，则"莫若以明"②矣。

山阴虞愚序于国立厦门大学师虚室之北窗下

识。古印度各派哲学都有自家量的观念，并依此形成自派的知识论、解脱道体系 pramāṇa-vāda，即量论，而对量的种类数量，其取舍亦各自不同。量的分类一般为八种，即现量（pratyakṣa）、比量（anumāna）、譬喻量（upamāna）、声量（śbda）（= 圣教量 āgama）、义准量（arthapātti）、无体量（abhāva）、随生量（saṃbhava）、世传量（aitihya）。佛教量论是继中观、唯识之后佛教显宗理论的最后一个体系，标志着印度大乘佛教显宗理论体系的终结，其创立者是陈那（Dignāga，约480—540）大师，集其大成者是著有《释量论》等"七部量论"的法称（Dharmakīrti，约600—680）大师。陈那一生的学术思想进程分为唯识期、正理期（因明期）、量论期三个阶段，其在以《正理门论》为代表的正理期就坚决主张去除圣言量，依所量境唯有自相与共相，故主张能量心唯有现量智与比量智两种，晚年集一生之学创作了 *pramāṇasamuccayavṛitti*，即《集量论》（或译《集量论注》），奠定了佛教量论的核心体系，被称誉为"量经"，其中第五品 *anyāpoha* 即《遣他品》集中讨论语言哲学问题，深透阐明圣言量必然归于比量的逻辑道理，由是彻底完成了从佛教唯识"七因明"之"三量说"到佛教量论之"二量说"的深度转换。虞愚所说"能知之量，亦莫由成三"的学理背景即系于此。"三"即由现量、比量、圣言量所构成的"三量说"。关于陈那建立"二量说"的历史渊源及其伟大价值，详见［日］武邑尚邦：《佛教逻辑学之研究》，顺真、何放译，中华书局2010年版，第67—114页。

① 芒：昏昧无明，语出《齐物论》。
② 语出《齐物论》。

怎样辨别真伪

Philosophy, though unable to tell us with certainty what is the true answer to the doubts which it raises, is able to suggest many possibilities which enlarge our thoughts and free them from the tyranny of custom (B. Russell, *The Problems of Philosophy*, p. 243).

哲学虽然不能对于它所发生的疑难予以确凿的解答,但它却能提示许多可能的答案。这样,可以扩大我们的思想,并可以从横虐的惯俗中,将思想解放出来。①

---

① 这是虞愚对上引英国哲学家罗素《哲学问题》英文原文的汉译,可以看作是作者精要的"题记",表达了虞愚创作此书的核心方法、原初动机以及终极目的。其所诠显冲破惯俗、解放思想的勇气与目的,一直是人文科学能够具有巨大创新性的生命源泉,同时也展示出虞愚一生学术生命的独特风貌。中译本参见[英]罗素著:《哲学问题》,何兆武译,商务印书馆2007年版,第133页。

一　逻辑底发展的要略[1]

哲学以模仿真理为目的。研究哲学的态度,原始要终,[2] 亦

---

[1]　底、的、地三字在民国时代译著以及著述中用法不一。有学者以为:"从译书底实用上看来,三字分用,可以得着许多方便……'底'字用在两个名字底中间,'的'字用作形容词底语尾,'地'字用作状字底语尾。"(陈大齐:《儿童心理学·序》,见于［德］高五柏(R. Gaupp)著,陈大齐译《儿童心理学》,李天刚主编:《民国西学要籍汉译文献·心理学》第二辑,上海社会科学院出版社2017年版,第3页)

[2]　语出孔子《易传·辞辞下》:"易之为书也,原始要终以为质也。"今人尚秉和释曰:"原始,如乾初九潜龙勿用,是原始也。上九亢龙有悔,是要终也。"(尚秉和:《周易尚氏学》,中华书局1962年版,第318页)周易每一卦从初至上共计六爻(唯乾坤二卦各多出一爻),且只有从初至上六爻内在次第之整体,才能完满显示一卦的内在逻辑结构与整体的哲理内涵。虞愚在《自序》中已引用之,此不避重复之嫌再引此语,深刻传达出他的哲学观,即哲学从方法论上看,绝非单一理性(如比量)所能包含,亦是直观体验(如现量)到演绎论证的二向必然。其哲学观如此,故其逻辑观亦非唯以单一理性论证及推理为重,其依现量与比量二者共融而形成自家辨别真伪之"融贯论"的标准尺度即根源于此。亦即虞愚的大逻辑观体系源于他文化哲学向度的大哲学

· 8 ·

以真为归，或唯理是从。假使以哲学为"迷宫"的话，那么，知识论（Epistemology）如门户，本体论（Ontology）如厅堂，价值论（Axiology）如房室。人类造房屋的时候，最初以求安息为主要目的，卧室是我们一天归宿的地方，价值论或人生哲学就好像我们一生的归宿处。人类经济能力稍为充裕，就会注意厅堂的布置，亦好像知识稍为进步，就感到从事于宇宙本体之研究的重要；人类白天健康的时候，大概出入于厅堂之间，不会恋恋于床笫[①]，犹如民族蓬勃时期或个人精力弥满时期，对于致知穷理，是极感到重要和兴味的。到了人类财力有余的时候，就更会注意到门户的铺张和华美，亦犹哲学发展到现阶段，转以知识论为中心。以上三种都可以认为出发点，可是我们如果坚执其中一种为唯一的出发点，那就错误了。如果哲学能随它自己的意思而不随人性情状的支配，那么，它就能自由地选择它的出发点，同时，也可向各方面去进行，然而研究哲学是一个人，就不得不选择它的出发点了。

我们以为研究哲学，最好的方法，还是先解答这个问题：我们怎样辨别真伪？如果没有分别真与不真的方法，那么，我们永远没有了解宇宙人生真相的可能。升堂入室，须由门户，

观思想。

① 笫：音 zǐ，竹编的床垫。

亦犹哲学之研究，应由知识论入手了。①

逻辑为知识论一重要的部门，亦为哲学之精髓（Logic as the essence of philosophy）。它是研究一命题主辞（Subject）、宾辞（Predicate）及系辞（Copula）的配合及命题与命题间的涵蕴关系（Implicative relation），使我们能得到正确的推论。换句话说，即研究命题本身的结构，及命题间涵蕴关系的。盖逻辑研究的对象，非实际的思想，乃可能的思想。尤其是思想之表现为命题（Proposition）者。所以逻辑是以命题为单位。但是

---

① 《怎样辨别真伪》最早出版于1946年8月，而在1945—1946年，虞愚同时代的欧洲知名学者、瑞士哲学家波亨斯基（Józef Maria Bocheński, 1902—1995）曾为美国军校学生做过系列演讲，系统阐释1900年以来的哲学，其结集就是著名的《当代欧洲哲学》一书，波氏总结道："到十九世纪末叶，哲学因受到实证论的严重打击而告衰落。也许大多数哲学家都怕提出自己的思想，结果大学里都弥漫着一种历史主义，只对过去学说作排比。二十世纪最大的特色是回到系统的思辨……人又开始恢复他古老的权利，很快地成为哲学的中心兴趣所在。此后的思想都热烈关心深刻的精神问题。如果十九世纪是突出的一元论与唯物论的时代，那么很明显的，从1900的危机看来，新时代将属于建立在最广大基础上的人格主义。"（[瑞士]波亨斯基著：《当代欧洲哲学》，郭博文译，台湾协志工业丛书出版股份有限公司1969年版，第17页）亦即二十世纪前五十年的哲学历史，确实是如虞愚所说在知识论、本体论、价值论三个向度的全面展开与深度拓展，而其根基乃是基于人格主义且具有系统性思辨特征的知识论。

一命题的单独主辞，或单独宾辞必须立敌^①两方面共同承认为可能存在的东西，但不是争论之所在；必由系辞连络主辞与宾辞的不相离性构成一个命题，为立许敌不许，才发生诤论。至于研究命题与命题间的关系，其关键在成立其中一个命题之后，我们能否根据它来推论另一命题；命题间专注重在意义上相依的关系而置其他，所以称这种关系为涵蕴关系。^②

溯逻辑胚胎于希腊的前后时期，印度已有"因明"，中国亦有名家之学，因明为五明之一，此外还有四明，近代所谓语言文字声韵之学，则为声明。近代所谓医方药物之学，则为医药明。工艺技巧之学，则为工巧明。身心性命之学，则为内明。统称为五明。印度称学艺为"明处"，或简称为"明"，如吾国之"学"，或西洋的"ology"。但是所谓"因明"，非表明原因结果之谓，乃指示正确"因由"〔Reason or Middle term（Hetu^③）〕

---

① 立敌：因明学术语，指立论者和敌论者，即在同一论题上持不同观点的两方。

② 拙作：《逻辑之性质与问题》(《时代精神》第八卷第二期)。——原注
该文发表于1942年。又刊于刘培育主编：《虞愚文集》第一卷，甘肃人民出版社1995年版，第544—555页；王守常主编，虞琴、江力选编：《中国文化书院九秩导师文集·虞愚卷·自序》，东方出版社2013年版，第81—90页。——校者注。

③ Hetu：梵文"हेतु"的拉丁转写，译义"因"。

以为建设言论①或寻求知识之依据，观其称因明，而不称宗明、喻明，足窥其旨趣之所在。而名家乃九流之一，自成一个体系。《汉书·艺文志》说："名家者流，盖出于礼官。古者名位不同，礼亦异数。"②此特就名位礼数而言，不是可以概论名家

---

① 建设言论：此为虞愚独特的学术用语，意为依据汉传因明他义比量语言交流与辩论的立场进而建立基于广义逻辑向度的"普遍知识"，与作为自我思维的自义比量之"自我知识""自求知识"相对。其在《印度逻辑》一书中专门讨论过这个问题，曰："余拟写印度逻辑之目的，在乎将所有法则应用于寻求知识及建设言论。"（虞愚：《印度逻辑·自序》，商务印书馆1939年版，第2页；又见刘培育主编：《虞愚文集》第一卷，甘肃人民出版社1995年版，第110页）又在该书专设一章即篇末第九章《印度逻辑之实用》中专门讨论这一议题，以为："印度逻辑为察事、辨理之学，其实用专在建设言论立真破似而晓悟他人也。故陈那以前之古因明，若《瑜伽》、《显扬》、《集论》等，就立论之实际立场先加注意。盖立论之实际立场，宾主对扬，盛兴论议将以判决是非、辨别真伪宜有共同方式。"（同上《印度逻辑》第98页；第201页）他将这种"共同方式"直接确定为《瑜伽师地论》所说的"七因明"，即"论体性""论处所""论所依""论庄严""论堕负""论出离""论多所作法"，并总结曰："以上七种为建设言论共循之方式，非此则虽因支具足三相，亦只为自求知识而已。"（同上，第100页；第203页）不言而喻，虞愚以"七因明"为方法内核所阐释的"建设言论"，实质是基于汉传因明的立场为他义比量所作的定义，是一种创建，其与法称明确界定他义比量为"当指三相因之能立语"（[印度]法称著：《正理滴论》，剧宗林译，见于剧宗林著：《藏传佛教因明史略》，中华书局2006年版，第173页）高度相合。

② [汉]班固：《汉书·艺文志》，中华书局1962年版，第1737页。

的全部。名家之前，孔子有"正名"之语，荀子有《正名》之篇，《正名》篇举刑、爵、文、散四名。刑名随时可变。爵名易代则变。文名从礼，如仪礼之名物。都是有关于政治。只有散名，则普及社会一切事物变化很慢。《艺文志》的话，仅及"爵名"，而名家皆论"散名"为主，所以名家并不是全出礼官。名家主张形名，而形名的意义就是名实。孔子之后，名家首推尹文[①]，尹文之"名"，不过正"名"的大体，可施于政治，绝对没有诡辩的意味。若邓析[②]的变乱是非，民献袴而学讼，简直与讼师相类，怪不得庄子《天下》篇不屑论之。[③]荀子

[①] 尹文：战国时人，与宋钘齐名，善名辩，为稷下学宫学者，《庄子·天下》对其学说有专门介绍。《汉书·艺文志》著录《尹文子》一篇（已佚），列于名家。现存《尹文子》上下两篇，虞愚以为："余观二篇，辞既庸近，不类战国时文，陈义尤杂，盖并出伪作。"虞愚：《中国名学》，正中书局1937年版，第97页；又见刘培育主编：《虞愚文集》第一卷，甘肃人民出版社1995年版，第519页。

[②] 邓析（约前545—前501）：春秋末郑国大夫，作《竹刑》以教民，"好刑名，操两可之说，设无穷之词，当子产之世，数难子产之法。"（刘向《邓析子叙录》)。《汉书·艺文志》列其为名家之首，著录《邓析》二篇，已佚。今本《邓析子》为托名之作。或以邓析为名学之祖。

[③] 如何评价邓析，虞愚与班固的看法完全不同，他认为："邓析好逞小辩，乱国法，故见杀于当时，不宜列入名家。"虞愚：《中国名学》，正中书局1937年版，第13页；又见刘培育主编：《虞愚文集》第一卷，甘肃人民出版社1995年版，第447页。

《正名》，颇得要领。他说："名无固宜，约之以命。约定俗成谓之宜，异于约则谓之不宜。"[1]因为物的命名，可彼可此，马不必定谓之马，牛不必定谓之牛，但是既呼它为马为牛，则约定俗成，不可变乱了。名何缘而有同异呢？荀子说："缘天官。凡同类、同情者，其天官之意物也同。"[2]这句话非常有道理。人的五官，感觉相近，所以言语可通，喜怒哀乐之情亦相近，所以论制名之缘由，说是"缘天官"。又云："单足以喻则单，单不足以喻则兼。"[3]此语可以破白马非马、坚白异同之论。因为总而名之叫做"马"，以颜色来区别，叫做"白马"，白马非马之论，本无成立的可能。至坚白同异之论，须知白由"眼识"（Consciousness dependent upon sight）或"色觉"。全［坚］由"身识"（Consciousness dependent upon touch）或"触觉"。色觉有白而无坚，触觉有坚而无白，由眼而知白，由身而知坚，由"心识"综合而知其为石，于是名之曰石。所以坚白异同之论，亦没有争论之必要。公孙龙辈所以流于诡辩［辩］派，因为没有"缘天官"来限制，得荀子之说，诡辩［辩］派不攻自说［破］了。至《墨经》所言"以名举实"（概念），"以辞抒意"（判断），

---

[1] ［清］王先谦撰，沈啸寰、王星贤点校：《荀子集解》，中华书局2013年版，第496页。

[2] 同上，第491页。

[3] 同上，第495页。

"以说出故"（推理），^①固属演绎范围，而《小取》所陈"以类取""以类予"^②则有归纳意味，可惜形式不备，后之学者，鲜能绍述光大其所论耳。逻辑从共通点而言，亦为研究知识规范之一种，那么"因明"和"名家之学"，不是与逻辑同科吗？^③

因明与名家发展之程序，愚已有书专论。^④本文单就逻辑沿革大概言之。泰西逻辑创始于古代希腊亚理斯多德（Aristotle, 387–322 B.C.）^⑤，亚氏之前，非绝无逻辑之研究。自

---

① ［清］孙诒让撰，孙启治点校：《墨子间诂》，中华书局 2001 年版，第 415 页。

② 同上。

③ 以上一段关于先秦逻辑演进史的综述，是虞愚依据自家过往长期相关研究论著增删润色而成，亦是其早期中国逻辑史研究的一大主题之一。详见虞愚《逻辑之性质与问题》，刊于《时代精神》1942 年第 8 卷第 2 期。同文又见刘培育主编：《虞愚文集》第一卷，甘肃人民出版社 1995 年版，第 545—546 页；王守常主编，虞琴、江力选编：《中国文化书院九秩导师文集·虞愚卷》，东方出版社 2013 年版，第 82—83 页。

④ 拙作：《印度逻辑的发展》（《东方杂志》第卅五卷廿一期）。拙著：《中国名学》本论第一章（正中本）。——原注

⑤ 亚里士多德：古希腊哲学家，柏拉图弟子，亚历山大大帝之师，与苏格拉底柏拉图并称"希腊三贤"，为西方逻辑创始人。典籍载曰："古称大知者三人：一、索加德，一、霸辣笃，一、亚利斯多特勒。亚利学问尤深，后学宗焉。"（傅汎际译义、李之藻达辞：《名理探》，生活·读书·新知三联书店 1959 年版，第 7 页）

波斯战争告终，伯里克理①当国的时期，诡辩士（Sophists）②辨别由感觉得来的知识与由思想推理得来的知识，并认为感觉知识是不可靠，思想的知识才可靠。譬如以手箸③的一段插入水中，则现出曲折的现象。这种现象，虽由感觉而来，然而不能使我们知道手箸的真相，这种分辨，已启逻辑之端绪。但是此派以为确定的真理标准为一种幻想，只有个人的意见，就是真理的准绳。道德观念也没有标准之可言，个人都可选择其最有利进行，传统的道德律对个人没有甚么力量，亦不能发现任何道德规律以约束他人。道德的准绳，犹如逻辑的准绳，纯粹是个人的、相对的。所以未免流于怀疑主义（Scepticism）。苏格拉底（Socrates）（公元前四六九年生）④为诡辩派的大敌，苏氏自第二次伯罗奔尼撒（Peloponnesus）⑤以来，其丑怪的面目

---

① 伯里克利（Pericles，约前495—前429）：雅典民主政治家。苏格拉底等哲学家活动于其当政时期。

② 诡辩派：在此指希腊哲学的智者学派，其擅长依诡辩术进行推理，以普罗泰戈拉、希庇亚斯、高尔吉亚等为代表。

③ 手箸：今天所说的筷子。

④ 苏格拉底（约前469—前399）：古希腊哲学家，为西方哲学的奠基者。

⑤ 伯罗奔尼撒：在此是指发生在雅典与斯巴达之间的战争，希腊城邦与雅典或斯巴达结盟，广泛参与了此次战争。第二次伯罗奔尼撒战争发生在公元前413至前404年，战争以雅典战败告终。苏格拉底参与了伯罗奔尼撒战争，其思想深受战争影响。

与辩论的天才，已无人不知。诡辩派依据各人的意见，以为是非善恶没有绝对的标准，但是苏氏以为如能细察各人所立的判断，可发现共通的要素或观念。此共通的原素非由感觉或苦乐的感情所能发现，因为感觉的经验纯属个人的，不能为共通的标准，但在感觉差异之下，仍有共同的思想或概念（Concept）。当人类求互相了解的时候，必须对于根本的道德如"正义""节制""勇气"等有一致的概念。为驳斥诡辩派的道德怀疑论，须将蕴藏人心的伦理观念提出，并详加审定，苏氏不曾教人对于何种道德的性质应持何种观念，惟以种种善巧方便的方法引人自己发现"善"的真义。他辨出各种德行的定义开端虽属个人或相对的意见，然由是舍其异、集其共通者取之以成一普遍的定义，固未尝无此可能。譬如欲寻究一物的所在之处，先确定其不在之处，不在之处——遮遣，则其物反容易找出来。柏拉图（Plato）①为苏氏及门弟子，他不限于道德概念，觉得老师的方法，亦可用以驳斥诡辩派理智的怀疑论。他证明在概念或思想可得到道德标准，同样亦可寻求真理的标准。我们感觉差异之下得一比较标准，固非易事，然知识起于思想，思想之为物，则比较可达到其客观性与真实性。可见苏

---

① 柏拉图（约前 427—前 347）：古希腊哲人，苏格拉底之弟子，亚里士多德之师，著述丰硕，并创建柏拉图学园，其哲学影响深远。

氏的概念专重道德方面，有如孔子正名之语；而柏氏除道德标准外兼及真理标准，犹如荀子《正名》篇，明贵贱兼及别同异的。复次，柏氏更以分类法以求其意义之所在。他以待定义或归纳的事物，先求出属于何"种"（Genus），更由"种"分为何"类"（Species），由类分为"小类"（Sub-species）。当他区别的时候，以考究之事物，属于何类加以对分，而任左边无关紧要暂为搁置，以右边各类互相增加，即得其定义。譬如古代关于"人"的定义，模糊不定，然人为有体物，有体物可分为动物与非动物，动物又有无理性与有理性之分，人既属有理性，于是可得一定义："人是有理性的动物。"① 定义（definition）原为语言的训诂涵义的规定，其始也简，其用也宏，斯宾诺莎（Spinoza）② 说："据界说以思想"（Thought by definition），又说："发现新知的正当方法，在于依界说而构思"（The right way of discovery is to form thought according to some given definition）③，

---

① 关于人与理性的关系，亚里士多德认为："人类［除了天赋和习惯外］又有理性的生活；理性实为人类所独有。"见于［古希腊］亚里士多德著，吴寿彭译：《政治学》，商务印书馆1965年版，第385页。

② 斯宾诺莎（1632—1677）：荷兰哲学家。其学说继承了笛卡尔的哲学思想，代表作为《伦理学》《笛卡尔哲学原理》等。

③ 斯宾诺莎强调界说（definition）乃是重要的认知方式，他认为："在研究和传授学问时，数学方法，即从界说、公设和公理推出结论的方法，乃是发现和传授真理最好的和最可靠的方法。"［荷］斯宾诺莎著，王荫庭、洪汉鼎

实在有见地的话。柏氏《对话集》分为五篇：一、《自辨篇》（*Apology*）记苏师供词。二、《克利陀篇》（*Crito*），为言奉公守法之道择善固执之志。三、《斐都篇》（*Phaedo*），畅论生死轮回与夫智慧超脱之所以为要。四、《筵话篇》（*Symposium*），纵论爱情之辞。五、《斐德罗篇》（*Phaedrus*），纵论爱情及修辞之语。当中时有关于思想言语根本分别的研究，但是使逻辑具有组织的体系而成一独立的学问，亚理斯多德却是第一个人。亚氏的逻辑学说，后人合成一书，名曰《工具论》（*Organon*）（或科学方略 or *Scientific Instrument*），其中分六篇：曰《范畴论》（*Categories*）。曰《论解释》（*De Interpretatione*）。曰《先天的分析》（*Prior Analytics*）。① 曰《题目论》（*Topics*）。曰《诡辩派的谬语》（*Sophistical Elenchus*）。在此著述之中，首先即有我们现代所谓知识论，这是亚氏哲学系统的一重要部分。但亦有若干原理的应用。其三段推理的学说大抵见于先天的分析，主张由普遍命题，乃唯一可靠的推理形式，所以又订若干格式，使各种推论均需与此格式相合。在讨论"谬误"中，又分出各种谬误的推理，并指定如何用其亲自发明的原理，可以驳斥或指明错误的讨论。(They contained, in the first

---

译：《笛卡尔哲学原理》，商务印书馆 1980 年版，第 35 页。

① 此处原书遗漏了第四篇《后天的分析》（*Posterior Analytics*）。

place, what we call theory of knowledge, which formed an essential part of Aristotle's philosophical system. But they also furnished the practical application of these principles. In his doctrine of the syllogism, which is found mainly in the Prior Analytics, he show [showed] what are the only valid form [forms] of reasoning from general proposition, and thus furnished the pattern or type to which all such proofs must conform. He also classified, in his work on Fallacies, the various species of false reasoning, and show [showed] how false arguments could be refuted and exposed by the principles which he had discovered.)[1] 亚氏的逻辑，虽以演绎为主，然归纳亦尝论及，惟不及演绎部分的完全致密而已。柏拉图对于定义的研究，仅指明事物实际能如何分类与安排，固未尝指明为什么事物应这样安排而不应那样安排，譬如上例，人可称为有体物，进而分析可称为理性动物，所不曾指明的是在怎样情形之下或为甚么应这样安排的问题。亚氏所谓中端（中名词）（Middle term）即解决这个问题而产生。所谓"中端"，同于量布的尺度，采买货物的"样本"，乃在两事物或两概念不能直接比较的时候，所假借之公共的联锁物。例如动物与人类是否具有同样性质，本来未易轻率断定，但是假使能知"具有感

---

[1] J.E. Creighton, *An Introductory Logic*, pp. 23–24. ——原注

觉并有自由行动的能力",那么,人与动物的联系就可得而言。所以亚氏说:

> 凡有感觉而能自由行动者皆是动物,
> 凡人类皆属有感觉者……
> 故凡人皆是动物。

这种推理方式,不但使我们能知人乃包括动物类中,并使我们知道为什么应这样安排。亚氏以三段论法为有效的推理法式,一切真正知识都可由此证明,职是之故。亚氏逝世(322 B.C.)及雅典丧失独立后,斯托意(Stoic)学派①,对于逻辑的理论略有增加,择言推理(Disjunctive inference)②与设言推理(Hypothetical inference)③都是斯托意所增加的。但是他们和敌方伊比鸠鲁人(Epicureans)④一样主张"实用""生活意志"为生活的最高智慧,到了中世纪经院派哲学者(Scholastic

---

① 斯多葛学派:由古希腊哲学家季蒂昂的芝诺(前335—前263)创立,该派主张一元论,强调神、自然与人的合一。
② 择言推理:或译"选言推理"。
③ 设言推理:或译"假言推理"。
④ 指信奉伊壁鸠鲁主义的人,伊壁鸠鲁学派由古希腊哲学家伊壁鸠鲁(前341—前270)创立。伊壁鸠鲁接受德谟克利特的原子论,反对神的观念,是原子论者。

philosophers）[1]欲利用演绎逻辑以证明耶教教理，当时学校教育取亚氏《工具论》一书列为七艺（seven liberal arts）[2]之一，于学科中占重要的位置，但都是墨守亚氏陈说以为求学之方，未从根本上加以改革，遂成极端的烦琐与虚伪。至亚氏的归纳理论，因与研究教理无重大关系，为经院学者所不顾，所以不但无丝毫发展，转因是湮没，后来昌言归纳，目演绎逻辑为无用，职是之故。

近世之初，均知经院派的逻辑仅能证明已有知识的方法，绝不能帮助我们求得新知识，而引起种种的改革；迨英哲倍根（F. Bacon, 1561—1626）[3]致力新的方法的研究，其功绩亦较伟大。倍根著有《新工具》（*Novum Organum*），一名《解释自然的真正启示》（*True suggestions for the interpretation of*

---

[1] 经院哲学：又称士林哲学，是中世纪时期天主教学者以柏拉图、亚里士多德的古希腊哲学及教父哲学解释天主教宗教教义所形成的哲学流派，其集大成者为托马斯·阿奎那（约1225—1274）。

[2] 七艺：指自由七艺，又称博雅教育，是西方中世纪大学主要传授的七门科目，分为"三学"（Trivium）、"四术"（Quadrivium）。三学是初级学科，即文法、修辞与辩证；四术是高级学科，为算数、几何（含地理）、天文、音乐四门。辩证之艺即讲授逻辑推理的学问，主要学习内容是亚里士多德的形式逻辑。

[3] 弗朗西斯·培根（Francis Bacon）：英国哲学家，他的著作《新工具》奠定了现代科学发展的方法论基础。

Nature），以示对亚氏的《工具论》而作。批评三段论法不适于探究新知；而主张知识须以观察所得的事实开始，他以支配自然和解释自然为人类的真正事业。因为吾人需先明瞭"自然"的定律，才能够将"自然"为自己目的上的利用："知识与人类权力，是同一意义，因我们若不了解原因，即不能获得结果的利益。"（Knowledge and human power are synonymous, since ignorance of the cause prevents us from taking advantage of the effect.）[1] 所以发明"自然"的定律，实为重要。这件事不能依赖机会而获得，必须受一种科学方法的指导，这种方法即倍根在其书中所指示我们的。他的优点，在注重有系统的观察与审慎计划的试验，且指明逻辑必须由知觉所得的事实起点。这就是归纳法。所以一般人常称倍根为归纳的自然科学的发明者。倍氏的归纳法，以今日科学盛行时代观之固不足奇，然其提倡改革、促进后世科学的进步，对于逻辑的发展上，有重要的贡献。厥后英哲洛克（Locke）[2] 于一六九零年出版《人

---

[1] 现译本为："人类知识和人类权力归于一；因为凡不知原因时即不能产生结果。"见［英］培根著，许宝骙译：《新工具》，商务印书馆1986年版，第8页。

[2] 约翰·洛克（John Locke, 1632—1704）：英国启蒙哲学家，在《人类理解论》（Essay Concerning Human Understanding）一书中提出"白板说"，主张经验论。

类的悟性论》（ $Essay\ Concerning\ Human\ Understanding$ ）继述与发挥。及米尔（J. S. Mill，1806—1873）[1]出世，继续英国之经验派，著《逻辑的系统》（$A\ System\ of\ Logic$ ），为逻辑的名著，出版于一八四三年。[2]米尔极重归纳法，以此为求得新真理的惟一方法，演释法仅系排列与统辑吾人已知事物的方法。所谓合同法（The Method of Agreement），差异法（The Method of Difference），同异连合法（The Joint Method of Agreement and Difference），共变法（The Method of Concomitant Variation），剩余法（The Method of Residues），就是他所建立的。大陆方面于近世之初，法国笛卡儿（Descartes，1596—1650）[3]以为真理能依理性推出，一切知识均应合于数学，获得知识之真正方法，是以不容置辩的通则为始，并由是推出个别事实的必要性，因之反重演释而轻归纳，重推理而轻观察与试验。

---

[1] 又译弥尔、密尔、穆勒，即约翰·斯图亚特·穆勒（John Stuart Mill）：英国自由主义哲学家，他深受培根与洛克的影响，提出了归纳论证的"穆勒五法"。

[2] 1905 年，近代翻译家严复将《逻辑的系统》译成中文（节译）并出版，全书近三十万字，题名曰《穆勒名学》，是近现代汉译西方逻辑学著作影响最大最深远的一部经典，"穆勒五法"即见于本书。

[3] 笛卡尔：法国哲学家，西方近代哲学的奠基人，开启了西方哲学的"认识论转向"。笛卡尔认为知识的来源只有直观与演绎二者，其代表作为《探求真理的指导原则》《谈谈方法》《第一哲学沉思集》等。

十八世纪之后，言知识者，析有二派：一为理性派（Rationalism），系与笛卡儿一致。一为经验派（Empiricism），或称感觉主义者（Sensationalist），是师承倍根、洛克的学说。康德（J. Kant，1724—1804）①纯由二派理论所得的结果，他所著《纯粹理性评判》《实践理性批判》，不啻对于理性派与经验派所下的判决书。其态度名曰先验的。所谓先验者，指吾人的认识力的本身具有一种格式而言，非彼此的知识有所差异。他以为感觉供给对象或知觉于人，而经"悟性"加以思维、理解、认识，遂成概念。（Sensibility furnishes us with objects or concepts. The object must be thought, understood, or conceived by the understanding, from it arise concepts.）②而概念中最根本者，亚理斯多德名之曰"范畴"（Categories）。康德则以为"范畴"为悟性上的先验格式。他将判断式样加以整理区分，共为四类，每类之中又分三种，凡十二种，兹以次胪列：

---

① 康德：德国启蒙哲学家，在认识论上试图调和经验论与唯理论的矛盾，提出"先验综合判断"。主要著作为"批判哲学"系列。

② 另译为："吾人所有一切知识始于经验，此不容疑者也。盖若无对象激动吾人之感官，一方由感官自身产生表象，一方则促使吾人悟性之活动，以比较此类表象，联结之或离析之，使感性印象之质料成为'关于对象之知识'。"［德］康德著，蓝公武译：《纯粹理性批判》，商务印书馆2017年版，第31页。

判断式	范畴
分量（Category of quantity）	
单称（Singular）——此甲为乙：拿破仑是法兰西的皇帝（Napoleon was Emperor of France）	单一性（一）
特称（Particular）——有甲为乙：某植物是隐花植物（Some plants are cryptogams）	多数性（多）
全称（Universal）——凡甲为乙：凡金属是元素（All metals are elements）	总体性（全）
性质（Category of quality）	
肯定（Affirmative）——甲为乙：热为运动的形式（Heat is a form of motion）	实在性（正）
否定（Negative）——甲非乙：精神不是有体积的（Mind is not extended）	否定性（负）
无限（Unlimited）——甲为非乙：精神是非体积的（Mind is unextended）	限制性（限制）
关系（Category of relation）	
断言（Categorical）——甲为乙：物体是重的（The body is heavy）	本质性（本质或本体）
假言（Hypothetical）——若甲为乙则丙为丁：若空气温则寒暑表上升（If the air is warm, the thermometer rises）	因果性（因果）
选言（Disjunctive）——甲或为乙或为丙：实体或为固体或为液体（The substance is either solid or fluid）	相互性（关系）

续表

判断式	范畴
样式（Category of modality）	
概然（Problematical）——甲殆为乙：此或为毒物（This may be a poison）	可能性（可能）
实然（Assertory）——甲为乙：此为毒物（This is a poison）	现实性（现实）
必然（Apodictic）——甲不能不为乙：任何结果必有原因（Every effect must have a cause）	必然性（必然）

判断作用有分析的、综合的二种。在分析判断（Analytical judgment），其宾辞仅说明其已含于主辞中的。（In an analytical judgment the predicate merely elucidates what is already contained in the subject.）例如物体是有积的东西，因为"物体"一主辞，本包含着"有积"这宾辞，没有"有积"即没有"物体"，从"物体"一主辞中，即可分析出"有积"这宾辞，并无新意义加于"物体"的主辞上，这种判断只是知识的叙述，不是新知识的获得，故亦称为解说的判断（Explicative judgment）。综合判断（Synthetic judgment），不仅说明而已，并附合事物于宾辞，扩张吾人的新知识。（The judgment must be synthetic, that is, add something to the predicate, extend our knowledge, not merely elucidate it.）① 如说地球为行星，这是综合判断。因为"地球"

---

① 另译为："唯我之系附此宾词，乃综合的，因而扩大我之知识。"［德］

一主辞,本来未包含着"行星"一宾辞,从主辞中无论如何分析不出"行星"这宾辞,以"行星"新意义加在主辞所说"地球",故能扩充吾人知识,所以综合判断,亦称扩充的判断(Amplificative judgment)。康德以为理性派偏重理论,主分析判断,故虽是先验的、普遍必然的,却不是综合的,因为分析判断,只是思维专在自身内部为概念的分离结合而已,遂成为空虚的。经验派偏重事实,主综合判断,虽是经验的、有内容的,却不是先验的,因为综合判断不过是感觉事实的集积而已,遂成为盲目的。康德吸收两派的精华,将思维与感性联合在一起,主张先验综合判断(Synthetic judgments a priori),这种判断是普遍又是实质的,所以是真知识的。康德以后,讲逻辑析有二派:① 一派发展其形式方面,如罗素

康德著,蓝公武译:《纯粹理性批判》,商务印书馆2017年版,第38页。

① 康德先验逻辑学体系对后代两种走向的影响乃是其先验哲学对后代哲学整体影响在两大向度展开的具体表现。对于后者,波亨斯基曾有精准的阐释,他认为:"康德主义对以后哲学的影响不可低估;他支配了十九世纪,直到今天还拥有为数不少的哲学信徒,虽然在世纪之交发生一种反动;他是十九世纪思想主流的根源。康德排斥任何理性形而上学之可能性,只接受两种致知的方法:第一、实在可以用科学方法说明,这样,哲学是各种特殊科学的综合;第二、我们也可以研究心灵塑造实在的过程,这样,哲学是观念发生过程的分析。实际上十九世纪哲学的两大主干就是这两种可能性的发展。"[瑞士]波亨斯基著:《当代欧洲哲学》,郭博文译,台湾协志工业丛书出版股份有限公

(Russell)①主张数理逻辑（Mathematical Logic），以数学的方式表示概念间之关系，且欲应用数理方法引出新的断案，可谓于形式逻辑更立一造形式。一派发展其内容方面，杜威（J. Dewey）②主张实验逻辑（Experimental Logic），以为思维作用的本质存于解决实际的问题，其支配环境的功用与他种的精神无以异，惟思维带有反省（Reflective）的作用。因为思维的理解环境、解决问题，尝经过感觉疑难、指定问题、拟设解答、引伸涵义、实地比较这五个步骤的。③

司 1969 年版，第 4 页。

① 罗素（1872—1970），英国哲学家，分析哲学的创始人之一，在数理逻辑上颇有贡献，著有《数学原理》等。

② 约翰·杜威（John Dewey, 1859—1952），美国哲学家，实用主义哲学的代表人物，1919—1921 年曾来华讲学，其学说在民国时代有一定影响。主要著作有《哲学的改造》《逻辑：探究的理论》等。后文第十一节《以效用论为标准》中对杜威学说有精要的评述。

③ 以上一大段关于西方逻辑演进史的综述，是虞愚依据自家过往长期相关研究论著增删损益、发挥拓展而成，亦是其早期比较逻辑学研究的一大主题之一。参见虞愚《因明学》，中华书局 1936 年版，第 22—25 页，同书又见刘培育主编：《虞愚文集》第一卷，甘肃人民出版社 1995 年版，第 28—31 页。又见虞愚《逻辑之性质与问题》，刊于《时代精神》1942 年第 8 卷第 2 期，同文又见刘培育主编：《虞愚文集》第一卷，甘肃人民出版社 1995 年版，第 546—551 页；王守常主编，虞琴、江力选编：《中国文化书院九秩导师文集·虞愚卷》，东方出版社 2013 年版，第 83—87 页。

二 真理的意义

我们在未讨论真理的标准之先,应先提出一个先决的问题:真理是什么?这个问题并不是说全部真理是什么,不过我们要问怎样下"真理"或"真谛"(Truth or Reality)的界说就是了。

按通常所谓"真理"或"真谛",分析起来,有六种不同的意义:

一、指"美"或"幸福"(Beauty or happiness)而言——此与"丑"或"非幸福"相对。英国诗人弃疾(J. Keats)[④]说:"美即是真,真即是美,这是你们世上所能知道的,亦你们所需要知道的。"(Beauty is truth, truth is beauty, that is all ye know on earth, and all ye need to know.)[⑤]尼采(Nietzsche)[⑥]说:"什么是

[④] 约翰·济慈(John Keats, 1795—1821):英国浪漫派诗人。

[⑤] 该诗句出自济慈《希腊古瓮颂》,另译为:"'美即是真,真即是美,'这就包括你们所知道的、和该知道的一切。"[英]济慈著,查良铮译:《济慈诗选》,人民文学出版社1958年版,第77页。

[⑥] 尼采(1844—1900):德国哲人、古典学家,一生著述极丰,致力于

幸福？幸福就是觉得权力的增加或抵抗力之被征服。"（What is happiness? The feeling that power increases — that resistance is being overcome.）[1]诗人画师或以啸傲烟霞、流连山水为解脱为真谛，这所谓"真"实在是"美"的别名。超人主义、侵略主义所谓"强权即公理"，这所谓"真"，实在是"幸福"的别名。

二、指"善"或"道德"（Goodness or virtue）而言——此与"恶"或"不道德"相对。苏格拉底说，"道德即是知识"（Virtue is knowledge）[2]，世谓杀身成仁之士为能维持真理正义于不坠，这所谓"真"，实在是"善"的别名。

三、指"有"或"存在"（Being or existence）而言——此与"无"或"不存在"相对。我们说龟毛、兔角为无毛无角，说牛、羊、鹿毛角为真毛真角，这所谓"真"，实在是"存在"的别名。

四、指"同"或"一类"（Agreement of same kind）而

对抗虚无主义，其思想对世界哲学的影响巨大。

[1] 另译为："什么是幸福？——感到权力在增长，感到一种阻力被克服。"[德]尼采著，余明锋译：《敌基督者》，商务印书馆2016年版，第1页。

[2] 苏格拉底的哲学命题，或译为"美德即知识"，出自色诺芬的记录："苏格拉底还说：正义和一切其他德行都是智慧。"[古希腊]色诺芬著，吴永泉译：《回忆苏格拉底》，商务印书馆1986年版，第117页，编码iii.9.5。

言——此与"异""非一类"相对，譬如说，鱼目非真珠，意思是说鱼目不同于珠，或鱼目非珠之类。反过来说，珠亦非真鱼目，意思是说，珠异于鱼目或是珠非鱼目之类。这所谓"真"实在是"同"的别名。

五、指"对"或"合于事实"（Correspondence with facts）而言——此与"不对"或"臆说虚词"相对。如说"二加八等于十""硫酸含有四种轻气的原子，一个硫黄的原子，四个养气的原子""陆剑南生于南宋"，我们觉得这些命题为真。这所谓"真"实在是合于事实的别名。

六、指"通"或"合于论理"（Consistency）而言——此与"不通"或"自相矛盾"相对。席勒（Schiller）[①]说："真理是论理的价值"（Truths are logical values）[②]。如说"孔子生于周代必不能见汉武帝""凡能生他物者其体亦必从他生""若是所作见彼无常"，我们觉得这些判断为真，这所谓"真"，实在是合于论理的别名。[③]

[①] 费迪南·席勒（Ferdinand Canning Scott Schiller，1864—1937）：德裔英国哲学家，提倡人本主义与实用主义，著有《人本主义研究》等。

[②] Schiller, F. C. S, *Studies in humanism*, London, Macmillan and Co., limited, 1907, p.7.

[③] 论理：logic 的汉译。该汉语词见于1631年刊行的汉译名著《名理探》，其曰："(解)论宗也者之原义，乃文艺，诗艺，史艺之事也。今但辨论

这六义当中,美或幸福与善或道德偏指事物而言,有时看道理文章等为物,亦得谓为美善。对与通专指道理或判断而言。事物即字辞所诠表。道理或判断即有所主张的语句所诠表。有时省略一句的"此是""此非"字样,而单称一字或辞,也可以加以对否通否的辨别。如有人视鱼目而说"珠"意思实谓此物是珠的省略。我们可以说它不对,此间所谓不对,并不是"珠"的一字不对,实在是说"此物是珠"一命题的不对。有与同则兼指事物或道理二者而言。欲定真的狭义自宜限于对

理学,乃其次义耳。"(傅汛际译义、李之藻达辞:《名理探》,生活·读书·新知三联书店1959年版,第106页) logic又或译作"辨学",最早见于艾儒略的《西学凡》(1623年刊行),又如爱约瑟所译《辨学启蒙》(1886年刊行)、王国维所译《辨学》(1908年刊行);又或译作"名学",如佚名所译《名学类通》(1824年刊行)、严复所译《穆勒名学》(1905年刊行)。日本近代学界通译logic为"论理学",因晚清民初论理学在华的传播有一支源于日本,如十时弥的《论理学纲要》(1903年汉译刊行)、服部宇之吉的《论理学讲义》(1904年汉译刊行)、大西祝的《论理学》(1906年汉译刊行)等,特别是服部氏的论理学著作乃为其应聘来华在当时的京师大学堂师范馆授课时所编订使用的教科书,故受这种较大影响的我国学界亦多用此名,如韩述组的《论理学》(1908年刊行)、王延直的《普通应用论理学》(1912年刊行)、张子和的《新论理学》(1914年刊行)、朱兆萃的《论理学ABC》(1928年刊行)、王章焕的《论理学大全》(1930年刊行)、常守义的《论理学》(1948年刊行)等,但伴随着"理则学""逻辑学"等译名使用的逐渐普遍,该译法一般不被再用。又"论理学"一词常被今天的读者误认为是伦理学,但二者并不相同。

与通二者而言。凡真的判断一定描写或曲指那事情的真相，换句话说：一个真的判断必与事实相符或论理上讲得通的东西。一般人每喜以真、善、美三者并列，其实美善对事物而言，真对道理而言，截然不同。知道别美善于狭义的"真"之外，而不知同与有的区别，知道美善并不是真，但又不知其所以不可与"真"并列的缘故。正名析辞是何等扼要的工作。

在本文表面不妨采用"真"的狭义，（对与通）进而研究已往沿用的真理的各种标准。我们现在讨论这些标准的次序，一方面是论理的，一方面又是历史的。这些标准不免有相似之处，但每个标准必代表一个特别的视察点和重点，现在把要讨论的标准，以次胪列。

三　以本能为标准

有人承认战争为必需而且是合理的，因为他们说好斗是人类的本能。这样伦理底真理的判断，是以本能作根据了。也有人说宗教之所以真，是因为人类有宗教的本能。又有人说最伟大最优美的爱，亦无非从性的冲动，叫做"立必多"（Libido）而来，并认为是生命中之一个重要的驱逐力（Drive）。这种根据本能的标准，稍加思考，当知不能全部适用的。

W. James[①] 说：本能就是和生物构造相联立的机能的一方面，凡是一个器官，差不多总有他的生成用途倾向。换句话说：所谓本能是得诸遗传的对于特殊环境的特殊应付方法。极端行为主义心理学者（Behaviorist）以为本能只不过是后天习得的趋向，并非先天的或遗传。几千年前祖先遗传的本能，决不能适用于今日的新环境，本来本能的起源约有二说：一、习惯遗传说。以为本能乃习惯的遗传，凡祖先反复所得的习惯，

---

① 威廉·詹姆斯（William James，1842—1910）：美国哲学家，实用主义创始人之一，代表作有《心理学原理》《实用主义》《宗教经验之种种》等。

都可以传给子孙，为种族全体的所有。二、胚质连续说，以为本能归之于胚质的偶然变化，意思是说：两亲的特质虽可传给子孙，但不是个体所生的变化，可以直接传给子孙，乃由世代交换当中必生若干的变化，而本能就是由变化过程中的有机体，因适应环境的缘故，选择最适当的运动而固定之所由以生。二说虽主张不同，而承认遗传则一。可知无论何种动作，在其动作没有完全消灭的时候，都不好禁止它含有遗传的意味。例如吸乳的动作，在吸乳没有完全废止之时，均不好说非由遗传所致。由是以谈，本能这个东西是否出于后天的习得性而与遗传学、发生学、生理学不发生丝毫的关系，似非简单所能解答。有时智慧改变本能。有时本能改变智慧。若要细细的分辨，就非专家不可。

假使本能有了正确的定义，与心理上的、生物上的他种作用有显然的不同，然而定义的工作本是把本能和其他方面比较，那已经出了本能的范围了。这显然不是本能的工作，而是别的功能的工作了。换句话说：假如本能是居真理的重要的地位，它也不能做唯一根本的标准。克实而言，也没有一个大思想家只用本能做标准的。

本能所以不能做真理的稳健的标准，因为各种本能常被习惯所阻止，能暂不能久。最大的困难是在各种本能常互相冲突，例如社会性可称为本能，嫉妒也可称为本能，即同情和愤恨，怒和爱，恐惧和好奇心，哪一个不是本能？如果本能是真理的标准，我们应该信任哪一个呢？在本能的国土，每个本能都有同等的权利，然而没有一个本能，因为它是本能的缘故，足为信仰的标准。如果是可以，那么宗教家可以根据本能叫我们相信上帝的存在。军阀大可以根据好斗本能，叫我们相信战争。这些也许是激动情绪的良剂，可是讲理性的人必不以为是尽然的。

我们说本能不能作真理的标准，并不是说本能必常是谬误。如果没有本能，一切科学哲学文明的本身，早就不能常存了。因为本能实驾知识与道德而上之，知识与道德系出于外赋的（Extrinsic）要求，不可不的要求。而本能则为一种内具的（Intrinsic）要求，实性的要求。设将好奇的本能摧残，则进步的生机斩矣。罗素（B. Russell）以为吾人所以确信我们自身以外犹有独立存在的外界，实根据于"本能的信仰"（Instinctive beliefs）。所谓本能的信仰，就是吾人确信必有外物以与吾人的感象相对待，而没有丝毫发生怀疑的余地。用本能的信仰，说明常识的假定，虽似不甚健全，而在哲学上要为论证之一格。他说："我们的知识必建筑于本能的信仰之上，若并本能的信仰而加以排斥，那么，还有什么知识之可言？"（All knowledge, we find, must be built up upon our instinctive beliefs, and if these are rejected, nothing is left.）[①] 是则此信仰固有

---

① B. Russell, *The Problems of Philosophy*, p. 39.——原注

不容忽视了。总之，我们反对为标准的意思，并不是置本能于理性的人生之外，本能对于真理有它的贡献，但必须受别的方法的批判和管束。

四　以风俗为标准

　　原始人民，大部分是本能的动物，这也许不用怎样怀疑的。可是人类历史的最初期，行为的标准，不单是本能，还有若干共同遵循的行动形式、信仰和理想，都可视为个人行为的威权。为避免本能和情感的冲突起见，部落或种族的风俗起而保持个人的生命利益。有些风俗，其起因只是由于其分子是属于同部落或同种的族类而已。正如一切鹅鸭都要浮水一样。不过人类行为的一大部分，无论是野蛮人或文明人，都不是纯粹本能的行为，有些公认的行动方式、信仰和理想，为全种族的人共同遵守。一代一代的传递，此等公认的行动方式、信仰和理想的总和，在拉丁文就是"Mores"[①]。依照 Prof. Sumner[②] 的意见，"Mores"一字更能显明的被人公认之意。"Mores"表示出

---

①　拉丁文写作 mōrēs。

②　威廉·格雷厄姆·萨姆纳（William Graham Sumner, 1840—1910）：美国古典自由主义社会学家，耶鲁大学教授，将"风俗"一词引入社会学研究中。

群体的判断，认定是大众应该遵从的，不仅是习惯而已。全体的幸福，被认为在一种意义之上，实存在于风俗之中，如果有人违反风俗，必受大众的非议。青年接受严格的训练，务期恪守风俗，在非常重要的时期，用庄严的仪式以从新申明风俗。原始社会的不怀疑于本族的风俗，有如现代的公民不怀疑他的政府、银行或教会之具有绝对的诚实和信用一样。老人、僧侣、医生、首领等都是风俗的特别保护者，他们可以修改风俗的细节，或创造新的风俗，或对于旧风俗加以新的解释，然而风俗背后的威权，都是整个的部落或种族。所谓整个的部落或种族，不只限于活着的人，便是死去的人们和血族的图腾，或祖宗神灵也包括在内。且所谓整个的部落或种族，也不仅是一个个人的集合体，它恍惚是精神的、社会的、世界的全体。

多数风俗皆起源于有力的原始需要与夫本能所引起的种种活动，人类不但于成功的方式养成风俗，即其失败也能念念不忘，因之对于幸与不幸的见解而益为加强。除此，还有个人或群体对于某种行动依临时的喜怒好恶而起的当然的反应。勇敢的行为，无论有用与否，总是受人称赞的。个人的评判，被人提出、保存、反复应用而发生作用于群体的意见型式之中，也是风俗渊源之一。原始人民视风俗为准则，其理由觉得充分，不仅是表面而已，因为在风俗体系中的人们与在行动上应当则效彼等的人们，本是同部落或同种族。风俗的规律，都是他们曾经生存繁荣于其中的种种方式。

在风俗中，有一个准则，一个善，一个正，且在某种程度上是合理的并是社会的。他们赞许某些行动而禁止别些行动，他们利用老年人和前人的智慧以管理生活，所以这种程度上，他们是依道德而行动，在他们使用风俗以约制一切的人们而认为风俗的起源久远难于稽考，在或种程度上，亦可算是运用合理的社会的准则，及至他们认为风俗是神祇[①]所赞许，则是已付与风俗以其所知怎样付与于其中的一切价值了。

总之，风俗的准则和估价只是少部分合理而已。在一切风俗习惯性纵非唯一因素，也是重大因素之一，而且习惯性往往是极其坚强而排拒任何理性的裁判。另一方面，风俗不能作真理的标准，便是对于微末之点与真正重要之点，视为同等的重要。一认微末为重要，不惟使真正重要点不能获得高级的价值，而且使行为，负受累赘，有碍进行，引入许多将来必须删除的元素。且在删除之时，又往往损失许多真正有价值的元素。[②]

[①] 许慎曰："神：天神，引出万物者也。""祇：地祇，提出万物者也。"（[汉]许慎撰：《说文解字》，中华书局1963年版，第2页）祇，音 qí。

[②] J. Dewey and J. H. Tufts, *Ethics*, pp. 51–70.——原注

五　以传说为标准

普通人觉得，凡群众同情的都是真的。《国语》亦有"众心成城，众口铄金"之说。这是一种很难毁灭的感觉。所以有些人虽承认风俗不是真理的标准，却愿以"传说"代之。他们说风俗有多少不可靠的，传说则不然。因为它代表一种信仰，且经过历代的试验，在风俗和环境变迁当中，已自证实，因此持常识者流，十分信赖传说，他们似乎要向哲学家清算：如果人类几千年还找不到真理，难道近代哲学家就能用什么方法找到呢？

在人类社会，"传说"的正当地位是值得注意的。在艺术、宗教、教育、道德、法律和其他文化现象，"传说"往往是最高和最好的源泉。假使没有传说，则国民的精神与世界的文明，均无由发生。我们如必打倒古人，不独忘恩负义，则文化必濒于自杀。因为任何人类生活必有其所处的社会与自身的历史，然处在一个社会里面，为改造所依资的自然界以适应人类需要和工具，就造作种种事物，所以人类行为，不但是被动的，并且是能动的。例如为抵御风雨而造房屋，为御寒而制衣服，为充饥而制食物，为自卫觅食而制造武器，为便利交通而开辟道路、造舟楫、通航线，为构通思想感情而创造言语、文字，为维持公共治安、解决种种疑难而有宗教、道德、法律、政治、学术等的发明。在这样适应环境的过程中所表现的种种活动，产生种种的事物，一代一代逐渐增加，一代把环境改变了些，造成一些成绩，后一代因之而更改变一些，便制造一些新的成绩，并且把前一代所造成的更改进一些，日积月累，就造成人类的文化。依照史托克（Storck）[1]说：世间只有两种活动不属于文化范围：一、纯粹的物质历程（Purely physical process），如狂风暴雨、重物下堕等现象，决不受任何社会底影响，惟有许多物质现象，一与直接社会活动有关，即含有文化成分，如发炮而致狂风，伐木而致倒树，皆其例也。二、纯粹个人起源的历程（Process of purely individual organ）。从史氏的区别讲来，凡宇宙间未受人力所加的现象，如天体、地质、气候无机种种自然界的现象，及生物的机构的功用遗传等有机现象，皆属于非文化的现象，一经人类改造所依资的自然物以适应人生需要的方式和工具，都是文化的现象。假使毁灭"传说"，文化的传播不是不可能么？[2]

---

[1] 史托克：具体所指不详。

[2] 拙作：《文化的性质及其种类》(《青年中国季刊》创刊号)。——原注 该文发表于1939年。又刊于刘培育主编：《虞愚文集》第二卷，甘肃人

虽然如上所述，也不能证明"传说"为真理的标准。我们反对传说为标准，并不是仰慕那些打倒古人的时髦文章。不过凡注意传说的人，应记得苏格拉底的遗训："没有批评精神的人生，是无价值的人生。"①吾人有生以来，最大的职务有二：一方面须创设参伍的传说，以传其后，一方面当其传说的功用消失之时，即随时应谋所以建设之道。因为没有传说，就没有文明，没有建设就没有进步。二方面固然不可偏废，所难的就是哪一个应该固定，哪一个应当变动之间，能应其适宜，而保其平衡否耳。传说必受合理的标准来批评，也许含有些真理，但不能独树为标准。

民出版社1995年版，第1013—1033页；又见王守常主编，虞琴、江力选编：《中国文化书院九秩导师文集·虞愚卷》，东方出版社2013年版，第254—271页。——校者注

① 出自《申辩篇》，英译为The unexamined life is not worth living。中文另译为："不经考查的生活是不值得过的。"见［古希腊］柏拉图著，王太庆译：《柏拉图对话集》，商务印书馆2004年版，第50页，编码38a5–6。

六　普遍的同意

有些人认"普遍的同意"为标准，这种论调颇受一般大人物的赞许，如西色罗（Cicero）[①]说："凡人人都同意的必是真的。"又如以无时不受人人信仰的东西为标准。这种共同的信仰，很可以发明人类的心灵的构造或宇宙的构造。

克实而言：这种标准是很不完全的，普通的信仰也许是真的，诚实的信仰也许是值得我们恭敬，然而往下的穷究，就会指出普遍同意是不可靠的。

想证明世界上有一个人人认为真的命题，诚非易事，关于人类一切信仰，并无完备的记录，如果世上真有普遍的同意，其范围只限于极少数的信仰而已。例如有些人固然信有一个客观宇宙的存在，然而对于客观的本体的观念，就各有不同。因此其信仰中共同的要素，亦必然很少，更推而论之，如一个有无的问题，一个神存在的问题，一个知识起源与效力的问题，

[①] 马库斯·图利乌斯·西塞罗（Marcus Tullius Cicero，前106—前43）：古罗马哲学家、执政官。

一个宇宙有无终始的问题，一个人生有无意义的问题，意见益形纷歧，诚如《齐物论》所说："彼亦一是非，此亦一是非，果且有彼是乎哉？果且无彼是乎哉？"①

因此，纵有普遍的同意，亦不能证明那信仰是真的。黎朋（G. Le Bon）②在 The Crowd: A Study of the Popular Mind③书中，记载萨恩（The Seine）河中发现两个女尸，由六证人之鉴别，确认为某姓女儿，检查官亦以众论佥同，必无疑义，遂据为死亡的确证，及至埋葬之时，而某姓两女儿忽然发现依然活着，且其面貌与死尸亦不甚相同，可知六证人中首先作证者，乃迷茫于幻想错觉，其他数人因受暗示之作用，亦随之而错误了。该书又记载有一军舰"白罗帕尔"号（Belle Poule）以搜索某巡洋舰之故，游弋海上，某巡洋舰原与白罗帕尔号同航，因遭暴风而分散的。当时天气清朗，水波不兴，而舰中的瞭望人，忽然望见被难船的信号，因之船员的视线，悉集于信号所指的方面，自官佐以至水手，均见有一筏满载被难的人，小艇几艘，曳之而行，舰上的海军大将即下令放小艇趋前救

---

① [清]郭庆藩撰，王孝鱼点校：《庄子集释》，中华书局1961年版，第66页。

② 古斯塔夫·勒庞（Gustave Le Bon, 1841—1931）：法国社会学家。

③ 《乌合之众：大众心理研究》：古斯塔夫·勒庞于1895年出版的研究群体心理的著作。

护，快接近时，犹隐见波光掩映中，无数被难者作举手待援之势，又如闻无数的呼声，迨逼近视之，始知乃一束断枝败叶浮沉水面，从前认为真的和必然的，而今认为假的和不对了。同是心理学，构造主义派主张"意识"是能够直接观察到的，而且它是由于简单的，可以叙述的原素所构成。(The structuralist school, which holds that consciousness is directly observable and is composed of simple, definitely describable elements.) 行为主义派主张意识完全没有存在，心理学所应研究的，只是一组有机体的动作，以及从外面观察之别人的行为。(The behavioristic school, which contends that consciousness has no existence, and that psychology should study only the actions of an organism, and that only from the outside, in another individual.) 最近更有所谓完形派心理学异军突起，对于构造、行为两派都不满意。它承认意识是心理学的研究材料，不过它认为我们在意识中知道的，只是形式或整体。意识的原素，并没有存在，如果存在，则它们是和那个大的整体发生关系而存。(The Gestalt school, which accepts consciousness as the material for study, but insists that we know only forms or wholes in consciousness, that its elements do not exist, or exist only in relation to the larger wholes that dominate them.)[1] 由此观

---

[1] W. B. Pillsbury, *The History of Psychology*, pp.271–272.——原注

之，知识与时代俱进，不啻哲学家与科学家之遗产耳。

复次，这种标准，且不能自圆其说，比方人人皆信一种错误，若以普遍同意为标准，那末我们终不能逃脱这个错误的圈套了。总之，我们以为普遍的同意，必不能作真理的标准。也许有的共同信仰是真的，然而它之所以真，并不是因为是普遍的同意。与人同意固然是一件痛快的事，但我们不能不注意所同意是真抑是假？

七　以情绪为标准

我们到现在还找不到一个标准，似乎有点失望了。从根本问一句，为什么相信一个东西是真的呢？或者有人回答：因为我觉得它是真的。这种感觉显然是人生的事实，我就绝对不能否认了。那末我们可以情绪为真理最后的标准了。

人类的生命是根源情感。莫非士督非利斯（Mephistopheles）[①]说得好："朋友啊！一切的定理都是灰色，只有生命的黄金树青葱啊！"[②] 被称理性动物的人类，用理性的地方实在太少，宗教和政治的大部分差不多都建筑在情感之上。但我们在上文对于本能的批评，也不妨应用于此。

情绪的种类多至无穷，忿怒、恐惧、恋爱、憎恶、欢悦、忧愁、羞惭、骄傲和他们的各种各类，可以叫做"朴

[①] 梅菲斯托费勒斯：简称"梅菲斯特"，"浮士德"传说故事中的恶魔角色，以诗人歌德所塑造的形象最具代表性。

[②] 另译为："理论全是灰色，敬爱的朋友，生命的金树才是长青。"［德］歌德著，钱春绮译：《浮士德》，上海译文出版社1999年版，第106页。

素情绪"（Coarser emotions），都和身体上比较强烈的反响（Reverberations）相联结。像道德感情、知性感情、审美感情等叫做"精微情绪"（Subtler emotions），他们所激起的身体反应较为微弱得多。[1]依照翁特（Wundt）[2]的意见，人类情绪有"急进式"（Eruptive mode）、"渐进式"（Gradual mode）、"起伏式"（Remittent mode）、"波纹式"（Oscillatory mode）四种的不同。它常受我们的心境环境消化等种种支配，其本身是最易变化，亦最不可靠。方东美先生说："人们的情绪是万变无常的：有时如重洋狂澜，蓦地掀起，吞卷一切；有时心海潜伏暗潮，搅翻了层迭万千的寒流，表面却似镜平无波。人们的情感是委宛细腻的：譬如春日娇花，有时纵被狂风吹掠，却仍殷勤黏附残枝，依依不落；有时虽有茂叶阿护着，犹漫逐清风，片片飞坠，着地无声。人们的意兴是杳渺飘忽的：有时如深山流云，惆怅往返，凝而复散，显而复隐；有时如深秋红叶，着重低徊，恨绕根身。"清人诗句说："几度山盟与海誓，一时都付海东流"，不是很好的证明么？

哥德（J. W. Goethe）[3]说得好："有了自制才知道有个主人

---

[1] W. James, *Psychology: Briefer Course,* Ch. 24. ——原注

[2] 威廉·冯特（Wilhelm Maximilian Wundt, 1832—1920）：德国心理学家、哲学家，开创了实验心理学与认知心理学。

[3] 约翰·沃尔夫冈·冯·歌德（Johann Wolfgang von Goethe, 1749—1832）：

在。"如果一个人不约束他的情感而欲达到真善的目的,恐怕是缘木以求鱼呢。我们自然承认情感是人生的主要部分,同时,也相对同意鲁一士(J. Royce)[1]指出黑格尔[2]精于对于人类意识生活的客观的辩证的分析,且宣称辩证法为"感情的逻辑"(The logic of passion)。意谓人类感情生活,皆有其矛盾发展的理则,[3]而辩证法正由于对感情生活的深切体验,而用以解

德国作家,"狂飙突进运动"的代表人物之一。

[1] 约西亚·罗伊斯(Josiah Royce, 1855—1916):美国哲学家,新黑格尔主义者。主要著作有《现代哲学的精神》《宇宙和个人》等。

[2] 黑格尔(Georg Wilhelm Friedrich Hegel, 1770—1831):德国古典唯心主义哲学的集大成者,其哲学影响巨大。

[3] 理则:此处所言"理则"一语虽可望文解义,但实为特指logic,亦即一般而言的逻辑,其为孙中山先生对logic一词的汉语译名。1919年,《孙文学说(卷一行易知难)》出版,后编为《建国方略之一:心理建设》而成为《建国方略》一书的开篇。文中对过往学界关于logic一词译为"论理学""辨学""名学"等做了详细辨析,认为皆不确当,进而以为:"然则逻辑究为何物?当译以何名而后妥?作者于此,盖欲有所商榷也。凡稍涉猎乎逻辑者,莫不知此为诸学诸事之规则,为思想行为之门径也。人类由之而不知其道者众矣,而中国则至今尚未有其名。吾以为当译之为'理则'者也。"(中山大学历史系孙中山研究室等编:《孙中山全集》第六卷,中华书局1995年版,第184页)故从1930年代起,我国学界亦以"理则学"为logic的另一翻译通名,不仅有许多逻辑学著作以"理则学"称名,如汪奠基的《理则学》(1941年刊行)、刘仲容的《实用理则学》(1942年刊行)、吴俊升和边振方的《理则学》(1943年刊行)、陈大齐的《实用理则学八讲》(1943年刊行)、雷香庭的

释此种生活的逻辑方式。然而建立真理于感情之上而废除思想和定理这件事不是哲学所期望的。无理智成分的感情，即使有这样的东西，也是无意义的混乱的心态罢了。如果除了以情绪作标准外，就没有方法可以把这个情绪别于那个情绪了（因为辨别的作用，仍然诉于理智）。不限制的情绪是不定的、暂时的、不可靠的，极端的浪漫主义者也不会主张它的生命全放在纯粹的感情上，感情这样东西势不能独存的。

《理则学纲要》（1946年刊行）、郎纯的《理则学大纲》（1948年刊行），而且扩大到西方哲学研究的一般领域，如据《贺麟先生学术年表》记载，1943年贺氏"在西南联合大学讲授'黑格尔理则学。所谓'理则学'，通常译作'逻辑学'，贺麟采用的是孙中山的译法"（贺麟：《近代唯心论简释》，商务印书馆2011年版，第375页），并且逐渐成为逻辑学学科的名称，如我国台湾地区至今仍是如此。

八 以感觉的经验为标准

情绪既不可靠，于是吾人不得不求标准于感觉的经验。感觉是人生常有的经验，能和意志脱离，又能使我们与外界的实体接触。复次，感觉为社会与个人的观察点联合的场所，为科学的基础，为人生日常所必不能离而且能给吾人以确凿之证据的东西。我们怀疑本能、风俗、传说和普遍的同意，在社会中尚有立足的余地，如果我们怀疑感觉的确证，诚如洛克（John Locke, 1632—1704）所说："如果吾人要求比这种知识还要可靠的，则等于求我们所不知道的东西了。"人人看见园中有红苹果挂在树上，那末园中实在有个苹果挂在树上了。这是不可磨灭的感觉。

感觉是事实，这是毫无疑问的，一切思维必以我们意识中的直接事实作根据，如果有人否认颜色、声音等各种感觉的与料，那他就是根本上反对经验和经验的对象了。如果有人怀疑感觉经验的事实，他就没有用他的感觉与人谈论的必要和可能了。章太炎先生说："赤白者，所谓显色也。方圆者，所谓形色也。宫徵者，所谓声也。薰殠者，所谓香也。甘苦者，所谓味也。坚柔燥湿轻重者，所谓触也。遇而可知，历而可识，虽起圣狂弗能易也，以为'名''种'，以身观为极。"[1]如果我们要合乎理性，必从事实上着手——以感觉的事实为显明确凿，这是无可怀疑的。感觉的存在，莫不以感觉自身为标准，若果你感觉些东西，虽有辩论，亦不能加多或减少你感觉的确实性。如果我们不能感觉它，就是辩论也不能叫我们感觉它，其胜其败，感觉自负其责。那么，感觉不是真理最好的标准吗。

洛克是经验派的巨子，他以为思想上的出发点，不是属于思想的本身，乃是属于思想上所有的材料，思想上所有的对象。我们一有思想，则必是思想些甚么东西，没有些东西可思维时，则不能有思想。所以在发生思想之前，必须先有可以思想的对象，作为思想的材料，然后才有思想的可能。但思想上的材料，即思想中所有的意象，既非先天的，那么他的来源怎样呢？人心始而如黑牌、胶板、暗室、空房、白纸，其中未着任何痕迹，未写任何文字，未蕴藏任何观念，如何得到这种种的装饰呢？一切理性与知识的材料由何而来？洛克对于这种问题，用"经验"一词为其答案。他说：吾人所有的知识俱可由经验找出来。(To this Locke answers in one word, — from experience, in that all our knowledge is founded, and from

---

[1] 章太炎：《国故论衡》，商务印书馆2010年版，第170—171页。

that it ultimately derives itself.）[1]吾人之经验来源有二：一为感觉（Sensation），我们感官，因受外界的刺激，遂传达到我们心中，成了各种不同的意象。例如黑白、寒暑、软硬等感觉属性。二为反省或内在的感觉（reflection or internal sense），这种内在的作用，乃是根据于感觉意象而起的。当感觉意象传达到吾人心中时，我们的悟性对于这些意象，起了一种反应，发生一种作用，因此遂发生了一种反省作用或内心的感觉。例如知觉、思想、怀疑、信仰、推论、认识、选择皆是以感觉意象而发生的新意象。这新意象虽是以反应感觉意象而发生的，但是它们自己反变成悟性的一种对象。人类所有一切经验不外乎这两个来源，外界现象借着感官，供给吾人一种感觉意象。内心感觉供给吾人一种反应意象。人类的思想皆出不了这两种意象的范围。

单纯意象皆由感觉器官及内心感觉经验得来，然这种感觉与意象有何关系呢？洛氏所谓意象，乃外物产生在心中的一个影子。在悟性的影子，谓之意象。产生此影子的外界能力，谓之属性。例如一雪球，其冷、白、圆存在其本体中，谓之属性，在吾人心中的冷、白、圆等为影子时，谓之意象。洛氏分属性为原始属性与二等属性。原始属性（Primary qualities）如

---

[1] F. Thilly, *A History of Philosophy*, p. 310.——原注

坚固、体积、形相、动静、数目等是。二等属性（Secondary qualities）如色、声、香、味、冷、热等。原始属性的意象与所代表的外物一样。二等属性的意象则不过是因原始属性而产生于吾人悟性中的一种影子。

知识的真确程度，以认识它的时候所由的道路而定。凡直接了解二种意象的相反或相合，无待中间意象之助，曰直觉知识。例如黑非白，方非圆，三多于二而等于一加二，无须借助于其他意象即可直接悟解者。至凭借其他二种意象之相合的中间意象为证据，由此而知其他意象的相反或相合的一种历程，谓之证验的知识。这种知识必须一步一步将他的证据拿出，然后诸意象的相合或不相合始见得出来。然直觉与证验皆知识中最可靠的，除此之外，仅成一种信仰而已。

基于洛克的学说，感觉的经验，自然是我们所经验的事实的唯一标准。但感觉能不能告诉我们赤裸裸的事实以外的事情，这是很可怀疑的。近代的经验派或实证派皆以感觉为最后的法庭，他们竭力辩护感觉是真确的，凡感官所不及的皆认为无证的空论。然而这派思想家没有一个能够坚持其感觉的学说的。在不知不觉的时候，他们都承认"意识"（Consciousness）一类不能用五官感知的东西。那末，他们对于感觉虽有可赞许的辩论，然我们还不能认感觉为完全的标准。

如果感觉是真理的标准，则凡感觉必都真确，因为感觉都能自己证实。可是我们相信感官，有时是错的。东西的真相,不能单凭它的表相。章太炎先生说得好:"凡以'说'者,不若以'亲'。自智者观之,'亲'亦有绌。行旅草次之间,得被发魃头而魃服者,此'亲'也。信目之谛,疑目之眩,将在'说'矣。眩人召圈案,圈案自垣一方来,即种瓜瓠,荫未移,其实子母钩带,千人见之且剖食之。亲以目以口则信,说以心意则不信。远视黄山气皆青,俛察海波其白皆为苍。易位视之而变,今之亲者非昔之亲者。《墨经》曰:'法同则观其同,法异则观其宜。'(《经上》)亲有同异,将以说观其宜,是使亲绌于'说'也。"① 可见感觉亦不是最可靠的,我们看见红苹果挂在果园中的树上,固然是无可怀疑的。然如手箸观之,明见其为直,置之水中视同两折,以手触它,又觉得不是弯曲。望铁轨的远处者,常觉得相遇,但没有人真肯这样相信的。患色盲(Color-blindness)的人,光觉健全,色觉则有缺陷,色盲有全部与局部的不同。患全部色盲者,以色围置眼前,只见浓淡异度若干的灰白,不辨颜色。局部色盲惟对某种颜色,没有色觉。希林(Hering)② 分局部色盲为红绿盲与青黄盲。这两种色

---

① 章炳麟:《国故论衡》。——原注
详见章太炎:《国故论衡》,商务印书馆 2010 年版,第 173—187 页。——校者注
② 卡尔·埃瓦尔德·康斯坦丁·赫林(Karl Ewald Konstantin Hering, 1834—1918):德国生理学家,研究视觉理论等。

盲各对于红绿、青黄的色调，但见其为灰而无色彩的感觉。色盲以全部色盲为最少，而以局部红绿盲为最多。然无论全部或局部色盲，所见都与外界不符。且同此尿粪，狗则喜食，蛆则安居，庄周《齐物论》云："毛嫱、丽姬，人之所美也，鱼见之深入，鸟见之高飞，麋鹿见之决骤，四者孰知天下之正色哉？"①假使感觉都是真确，哪里会这样？《荀子·解蔽》篇，言观物疑，亦具此旨。他说："凡观物有疑，中心不定，则外物不清，吾虑不清，则未可定然否也。冥冥而行者，见寝石以为伏虎也，见植林以为后人也，冥冥蔽其明也。醉者越百步之沟，以为蹞步之浍也。俯而出城门，以为小之闺也，酒乱其神也。厌目而视者，视一以为两；掩耳而听者，听漠漠而以为哅哅；埶乱其官也。故从山上望牛者若羊，而求羊者不下牵也，远蔽其大也；从山下望木者，十仞之木若箸，而求箸者不上折也，高蔽其长也。水动而景摇，人不以定美恶，水埶玄也。瞽者仰视而不见星，人不以定有无，用精惑也。有人焉，以此时定物，则世之愚者也。彼愚者之定物，以疑决疑，决必不当。夫苟不当，安能无过乎？夏首之南有人焉，曰涓蜀梁，其为人也，愚而善畏，明月而宵行，俯见其影，以为伏鬼也，卬

---

① [清]郭庆藩撰，王孝鱼点校，《庄子集释》，中华书局1961年版，第93页。

视其发,以为立魅也,背而走,比至其家,失气而死,岂不哀哉!"① 幻觉和幻想为近代心理学家所承认,即古代的诡辩派早已视感官为不可靠,所以感觉不能以自身为标准,必须靠思想来批评,就是感觉论者,也承认这个事实,惟未愿承认它的含义罢了。

我们或别人是否有感觉,这件事实是不能用感觉自身来证实的。因为我们没有一个感觉能令我们感觉着我们自己绿色的感觉。我们想感觉别人心中所有的感觉,那就更无可能了。因此,我们之所以相信感觉存在,必是因为我们有一种超乎直接感觉的标准。

除感官以外,还有些事实简直不能以理性来否认的,也不能以知觉证明的。比方说:一般人都认美丽的庐山是实在的东西,我们展眼静看,它是这样存在着。我们闭目息念,它仍是这样存在着。存在是超乎感觉的;因为存在的本身(Thing in itself)永不是吾人所觉知的。复次,我们的思想,不能不讲普遍的(Universal)东西,普遍之可以识知者,首推能感觉的性质(Sensible qualities),次为空间关系、时间关系、类似关系,及普遍与普遍间之关系。没有普遍性,科学就不能用法则来预言日

---

① [清]王先谦撰,沈啸寰、王星贤点校:《荀子集解》,中华书局1988年版,第404—405页。

月之蚀、潮汐涨落、太阳升降或是桥梁所能受的压力等事了。真实的普遍是能应用于经验外无限数的特殊的，但如亚理斯多德说：我们永没有那普遍的感官知觉（Sense-perception）。因为感觉只限于一时一地，而普遍则不然，其真实性是永久的。又以我们的日常经验而论：自我的意识不能用感觉试验出来的，因为自我的经验是内在的事实，绝不是感官所能理会的，哪一个大思想家敢说：有一个自我的感觉。休谟（David Hume）[1]在他所著《人性论》(A Treatise of Human Nature)卷二附录很坦白说："我想解释那在意识里能贯联我们的知觉的原则时，我就觉得失望了。"[2]最后我们说到理想和价值问题，一种理想之是否涵有真理，我们绝不能用感觉试验得来。因为理想的自身与其说它受制于感觉，不如说它能判断和裁制感觉。总之，感觉绝不是一切真理的标准了。我们现在当再进一步找一个标准，来证明感觉经验的意义或感觉与意识的关系。

---

[1] 大卫·休谟（1711—1776）：苏格兰哲学家，怀疑主义者。

[2] 今译本为第三卷附录，参见［英］休谟著，关文运译，郑之骧校：《人性论》，商务印书馆1996年版，第673页。

九　以直觉为标准

"直觉"这个名词,每因学者的观点不同,其解释和用法亦不一致。克罗齐(Croce)[①]在《美学》(*Aesthetics*)说:人类知识两种样式,一是直觉的(Intuitive)知识。一是逻辑的(Logical)知识。直觉的知识是对于个别事物的知识(Knowledge of individual),逻辑的知识是对于个别事物中的关系知识(Knowledge of the relations between them),质言之,人类的知识总不外产生"意象"(Images)的和产生"概念"(Concepts)的两种。其实他所谓逻辑知识,又可分为知觉与概念两种,今分述如下。

(甲)直觉知识——具足一切"含义"于"形相"上而不去虚妄分别的知识。

(乙)知觉知识——由"形相"而知其"含义"的知识。

---

① 贝内德托·克罗齐(Benedetto Croce, 1866—1952):意大利哲学家、史学家、新黑格尔主义者,二十世纪重要的美学家。主要著作有《精神哲学》等。

（丙）概念知识——超出现前"形相"而知其"含义"的知识。

一切逻辑的知识，都可以归纳到"A 为 B"的公式。例如说"此花为红的"一判断中，其真正主辞为实体，而所谓花所谓红都是观念，都是所以来形容实体的。可是这种宾辞是从其直接存在中即是赤裸裸的这（a simple that）分离而出其内容。花是从这赤裸裸的这（a simple that）分割而得，红也是从赤裸裸的这（a simple that）分割而得。而当其用为宾辞时是和原来的统一体分了家的。因为不是这样，就不能有判断。逻辑知识上的一切判断，都是把分割而得的部分与部分或"彼"与"何"加以联络。判断从根本上说是把暂时分割的"彼"与"何"重新结合。这"彼"与"何"的分割，是判断的要素。

直觉的知识则不然。它的公式只是"A"。我们直觉"A"时，就把全副心神注射在"A"的身上，不旁涉其他，也不去分别彼为何，A 在心中只是一个无沾无碍的独立自足的"意象"（Image）。"A"如果是梅花，它在心中只是这朵梅花实体所挟带的形相，如果联想到林和靖"疏影横斜水清浅，暗香浮动月黄昏"[①]或萧德藻"湘妃危立冻蛟脊，海月冷挂珊瑚枝"[②]咏梅的诗句，就失其为直觉的知识了。这样具足一切意义于形相

---

① 出自宋诗《山园小梅》。
② 出自宋诗《古梅》。

上，而能直接洞见事物的真相，就是直觉知识的特征。

直觉知识何以只用"A"公式就够呢？此中有深意在，不能不说明一下，如前例"此花为红的"一判断中，花与红虽是"此"实体的分割，然实体决不止花与红而已。这判断的宾辞可以无限的扩充（如言此花为开、为梅、为残之类），但扩充的结果，这判断的宾辞永远无法与其主辞相等。换句话说：就是宾辞还是宾辞，仍不能与真正的主辞相等。因为宾辞本含有规定性，唯言花，不说红色，不知何花，为青、为白、为蓝等花？现在说红者就是简去青白等花。假使宾辞与主辞相等，即宾辞不复是一个形容，或一个"何"，而宾辞也就不成其为宾辞。没有宾辞，人类说话（Human discourse）中所宿有的"本然结构"（Intrinsic structure）也不可能了。可见逻辑的知识是有对的（Relational），而直觉的知识是无对的（Non-relational）。把有对的知识不讲，欲成一独立自足的意象——无对的实体——则舍直觉知识莫属。直觉只以"A"公式表示，而不需要宾辞，正因为宾辞虽多，仍无由与实体相等，不如以"A"代表独立自足的意象为直接了当了。柏克森（Henri Bergson）[①]所著《玄学导论》（*An Introduction to Metaphysics*）一书，开宗明义，即提出不同的认识法，他说玄学（Metaphysics）的定义

---

① 亨利·柏格森（1859—1941）：法国哲学家，提倡"绵延"说。

殊不一致，而所谓绝对（Absolute）的概念亦有种种的不同。吾人试就此不同的定义与不同的概念比较一下，则哲学对于一对象的认识，表面上的主张，虽有不同，而根本上要不外两种不同的认识而已。所谓两种不同的认识方法云者，第一环绕物的表面。第二种钻入物的里面。前者依吾人的观点及用以发表意见的符号而定。后者不然，不惟不依于观察点，又不托于符号。前者的认识，限于相对之境。后者的认识，在可能的事例以内，可达到绝对之域。

在直觉经验中第一步心所以接物者，只是"直觉"。物所以呈现于心者，只是由实体所挟带的"形相"，形相是直觉的对象，属于物。直觉是心知物的活动，属于我。好像还有"能""所"的畛域，可是进到凝神的境界，不但忘去自己以外的世界，并且忘记我们自己的存在。柏格森说：一切之物虽多可分析（Analysis）以为识别，惟绝对则仅能由直觉（Intuition）以得之。所谓直觉者何？即一种知的同情（Intellectual sympathy），吾人赖之以游神于物的内面，而亲与其特立无比（Unique）不可思议（Inexpressible）的本质融合为一。这样把整个心灵寄托在独立绝缘的形相上，于是我和物便打成一片了。关于这一点，叔本华（A. Schopenhauer, 1788—1860）[1]在他的杰作《意志与意象之世界》(*The World as Will and*

---

[1] 叔本华（Arthur Schopenhauer）：德国哲学家，主张非理性主义。

Idea）第三卷说过一段极透辟的话：

如果一个人凭心的力量，丢开寻常看待事物的方法不受充足理由律（The Law of sufficient reason）的控制，去推求诸事物的关系条理——这种推求的最后目的总不免在效用于意志——如果他能这样地不理会事物的何地（Where）、何时（When）、何故（Why）以及何自来（Whence），只专心观照何（What）的本身，如果他不让抽象的思考和理智的概念去盘踞意识，把全副精神专注在所觉物上面，把自己沉没在所觉物里面，让全部意识之中，只有对于风景、树林、山岳或是房屋之类的目前事物的恬静观照。使他自己"失落"在这事物里面，忘去他自己的个性和意志，专过纯粹自我（Pure subject）的生活，成为该事物的明镜。好像只有它在那里，并没有人在知觉它，好像他不把知觉者和所觉物分开，以至二者融为一体，全部意识和一个具体的图画恰相叠合，如果事物这样地和它本身以外的一切关系绝缘，而同时自我也和自己的意志绝缘，——那末，所觉物便非复某某物而是意象，或亘古常的形相……而沉没在这所觉物之中，也不复是某某人（因为他已把自己失落在所觉物里面），而是一个无意志、无痛苦、无时间的纯粹知识主宰（Pure subject of knowledge）了。①

叔本华以为宇宙是一个意志（自然和人群中是相同的）。一个求生的意志（Will to live），但没有合理的目的在其后。由此意志以生欲望，欲望永不得满足，故苦痛亦无已时，在直觉经验中，暂时忘去自我、摆脱意志的束缚，由意志世界移到意象世界，所以直觉对于人生是一种解放作用，或净化作用。

艺术亦注意直觉，一个画家或诗人当其聚精会神地欣赏一棵梅花，那梅花对于他便成为一个独立自足的世界。在欣赏的一刹那间，观赏者的意识完全为这一个完整而单纯的意象所占住，不留丝毫余地让其他事物可以同时站在旁边，如果我们做到这步，结果无疑的，就事物说：那是完全独立。就自我说：那是完全安息在该事物上面，没有时间空间的羁绊，这就是对于该事物完全心满意足。总之，就是美的欣赏。柏格森《创造进化论》(*Creative Evolution*)《生命与意识》(Life and Consciousness) 说："人类普通的知觉之外，复备有审美的能力，吾人之眼不能有机的见生物体，只不过机械的见之而已。生命的意向（即贯通生物种种之部分形体而结合之，且

---

① 今译参见［德］叔本华著，石冲白译，杨一之校：《作为意志和表象的世界》，商务印书馆1982年版，第249—250页。

赋以意义的纯一运动）决非吾人之眼所能映写，然彼艺术家则常欲把捉如斯的意向，艺术家由直觉之力得破坏介于彼与彼之模型之间的障碍，由一种同情，得置身于对象的里面，而把捉其内部的生命。"① 克罗齐（Croce）亦说："艺术作品的不可分性（Indivisibility）一切表现都是独一无二的表现，所谓美的活动就是印象融和做一个有机的整体。"② 惟哲学的直

---

① 《生命与意识》是《创造进化论》第二章的一部分，原书以法文写成，1907年出版。英译本由亚瑟·米歇尔（Arthur Mitchell）翻译，于1911年由纽约亨利·霍尔特公司出版，从翻译推断，虞愚所参考的即该版本。今译为："在人类身上，伴随着正常知觉，还存在着审美的机能，这就证实了此类努力的存在。我们眼睛观察到的生物特征，都是集合的特征，而不是互相有机化的特征。生命的意象（intention），即经过生命路线的那种简单运动，将生命路线结合在一起、并赋予其意义的那种运动，却无法被我们的眼睛看到。这种意向，恰恰就是艺术家力图重新获得的东西；艺术家借助某种同情，将自己重新放置在对象之中，他凭借直觉的努力，打破空间在他与模特之间设置的障碍，就是要重新获得这种意向。"[法]亨利·柏格森著，肖聿译：《创造进化论》，华夏出版社1999年版，第150页。

② 出自克罗齐《美学原理》第二章《直觉与艺术》，原文为意大利文，出版于1902年。英译本由道格拉斯·安斯利（Douglas Ainslie）于1909年译出，纽约Noonday出版社出版，即虞愚所阅读的版本。引文今译为："表现即心灵的活动这个看法还有一个附带的结论，就是艺术作品的不可分性。每个表现品都是一个整一的表现品。"[意]克罗齐著，朱光潜译：《美学原理》，商务印书馆2012年版，第23页。

觉（Metaphysical intuition）以个个的事物为对象而基于理智的（Intellectual），而艺术的直觉（Aesthetical intuition）则基于情绪（Emotional）的，此其不同耳。

最后我们要说在逻辑的知识中，我们有论辩，有比较，有推理，但在直觉的知识中，主观与客观不分，普遍与个别的区别也完全泯灭。逻辑方法与科学相应，而直觉方法与艺术相应，逻辑方法只能给吾人以事物的性质，而直觉方法能给吾人以事物的本质，所以我们想要得事物活泼的具体性、完全的统一性及人格的同情性，舍直觉别无他术焉。

以直觉为真理的标准，也颇持之有故，言之成理。不过我们还要预防错误，那末我们究竟承认或不承认直觉为真理的标准呢？要解答这个问题，我们要明白这一点：直觉为意识经验之一呢？抑以直觉即具有实在性呢？这显然是两回事。我们可称黄的感觉为直觉。直觉得黄色是意识的情状，是不用怀疑的事实，然此黄色的直觉，是否能代表那实在的橘子，则不能没有怀疑了。也许直觉是梦或幻觉而不能称为真的直觉。

复次，我们很难知道在什么时候才有根本的直觉。换句话说：凡意识便是直觉的，因为我们的知觉领会直觉，都是意识的状态。但克罗齐（Croce）已分别过那些由逻辑——间接的——而得的知识或真理和那些由直觉——直接的——而得的，以为两者，迥然不同的。一最后或根本的"直觉"是不能由别的命题演绎而来的。它是有独立的真确性的。现在的问题：凡真确独立性的东西是实在是真么？如果凡不能演绎的直觉，像几何的公理一样的有用，那么，我们便要专向直觉来求真理了。世界上有许多不假外求的"直觉"，因为直觉太多了。有些被称为宗教的教主，有些被称为诗人或发明家，有些人被监视在狂人院，直觉或许是天才的顿悟，也许是真理的洞见（Insight），也许是上帝所宣布的福音，也许是一刹那间的错觉或幻觉。总之，无论直觉具有何种的自明（Self-evident）性，也没有法子来断定它自己是真抑是假，必须兼有先天的天才与后天的训练，须积理多、学识富、涵养醇，方可逐渐使之完善的方法或艺术。

我们批评直觉，并不是反对那几何式公理的存在。我们现在所要讨论的要点，是只恃直觉不能分别直觉的真假，所以一切直觉要靠"直觉"以外的经验和思考来衡量。直觉虽然不是真理的标准，也许是真理的一个来源。亨利·迈尔（Heinrich Maier）[①]说："在每一有成绩的研究家或思想家的工作生活里，无容置疑的，突然的，好似当下的触机，即我们所谓直觉，实产生最好的工作。更是确定不易的，就是整个宇宙之为一大个体，有如一切个体，只为直觉所可达到而非概念的知识所能把

[①] 海因里希·迈尔（1867—1933）：德国哲学家，蒂宾根大学哲学教授。主要著作《实用哲学》（*Philosophie der Wirklichkeit*）德文版第一卷出版于1926年。

握。直觉乃是凭一种直接的透视以究自然世界和精神世界之最深邃之本质。要求神契经验的驱迫力，乃澈始澈终是一种直觉的力量。要求与神一体的仰慕的神契境界乃是宗教生活的核心。"亨氏可以说是对直觉具有甚深的同情，但他立刻严刻的批评道："但是神契信仰经验之实在性与神契信仰的经验之真理却必须加以分别。"可惜的，就是这种倡神秘经验的哲学从未划分两者的界限。所以此种哲学所给予吾人的，除了些从强烈的感情所产生之幻影外，并无别的。感情之暗示能力只能给予信奉宗教的人以真理的幻影。此种哲学自然是方便省事。当紧严的研究和思想感觉困难时便让诗人的想象当权。但这实不啻对于恳挚的真理之反叛，这种说法足以警告我们对直觉须审慎，不可误入歧途。大哲和伟大艺术家都是正知正见的人物，他们常给我们无上的真理，却说不出他们的真理如何是真的，行行重行行，我们距真理的标准愈趋愈近了。

十　以符合论为标准

本文第二段，我们曾讨论过真理的本质。真理的狭义，限于"对"与"通"二者而言，凡真的判断一定描写或回指那事情的真相。换句话说：真理必与实在符合。因此有些哲学家说：用这个定义为标准，还有什么比它更简单更好么？一个观念与实在相符，那它便是真了。如果一个地图与实在的地形相契合，那它便是真的。如果记忆中的诗文，与原诗文字字相合，那它便是真的了。

符合的观念或可以做真理的界说，然而不能做真理的标准。符合论以为内心与外物一致，或是心里的概念真能代表客观界的情境，便是真的知识。然而这对于真理的问题仍有困难，因为问题就是如何能符合呢？符合论以为真便使能知心与被知物相一致，如物本是绳而我看见亦是绳，则我们所看见的绳便是真的。否则，物本不是蛇而是绳，我看起来竟是蛇，则便是与原物不相一致，当然是伪了。其实，问题仍在如何符合呢？换言之，即追问所谓一致与不一致的凭据安在？例如我看见一个东西是绳子，我们何以能知确是绳子？知道这个东西是绳子,不外两途:一、此物类吾人曾知之绳,类吾人曾知之绳者应是绳。二、别人去看都看见是绳,于是报告我们。除此以外,实没有其他方法可以证明外界的真相。然而第一只是我们前后两个认识的比较。第二只是我们的认识和别人认识的比较。都不是能知与被知的符合。所以符合论(The correspondence theory of truth)之短,在把能知与被知认为两个绝对独立的。这两个东西有时可以相应,有时便分离,当其相应时便是真的,当其分离时则为伪的。殊不知被知是不能离能知而自存,能知离开被知即不立。能知与被知只是一个东西的两面,决不是两个东西的交接。若从两个东西的交接立论,则交接有时可以间断,两个东西的本体决不因离散而有所亏损。换句话说:便是以两个东西为"体"(Entity),以其相交接为"用"(Function),"体"是实而"用"是虚的。殊不知认识的作用决不如此,如小孩初见木马,差不多只有木马而没有我,既无我在这里看木马的观念,换言之,即没有木马与我相对立的两元。既无对立的知者与被知,则知识完全是纯一不可分的。被知(Known)依能知(Knowing)而存在,能知亦依所知而存在。能知被知绝对不离,被知所在之地,即能知所在之地,例如张目见远山,远山所在之地即"眼识"所在之地;低头看水色,水色所在,便是"眼识"所见,所见的范围扩大,能见的范围也扩大,所见的范围缩小,能见的范围也缩小,所见的没有,能见的便也没有了。《成唯识论》说:"现量证时，不执为外，后意分别，妄生外想。故现量境是自相分，识所变故，亦说为有。意识所执外实色等，妄计有故；说彼为无。又色等境，非色似色，非外似色，如梦所缘，不可执为实外色。"① 此中有深意在，须加解释才易明白。例如说"我看见桌子""我听到钟声"，苟加以分析，见闻为交遍法界认识的潜在功能（Potentiality）的显现（appeared），所见闻的桌子、钟声，亦非桌子非钟声，不过是识所变的影像，此似所缘现，唯识家名曰"相分"。能见能闻亦不是"我"，不过是"识"所变能了别影像的功能，此能缘现，唯识家名曰"见分"。（"见"托"相"起，"相"挟"见"生，同体不离，同为识变。）而所谓我们的眼睛与耳朵或神经系，不过是视觉、听觉之所依，做认识潜在功能的显现的辅属条件。视觉、听觉未起时，其目与耳固与木石无异的。（心不在焉，视而不见，听而不闻故。）这岂不是惟有"见""相"而我和桌子、钟声都不可得么？然而识所变现的影像，非桌似桌，非钟似钟，非外似外（识之外），我们不明其所以，当影像生时及生后，即有"意识"（consciousness dependent upon mentation）妄加分别，遂生外想，由是执其所见所闻的为桌为钟。同理，又见分虽与"相分"同

---

① 出自《成唯识论》卷七，《大正藏》CBETA 版，册 31，第 1585 号，p.39b28–c3。

处，因为托眼耳而起，非内似内，当其生时及生后，亦有意识妄加分别，执为我的眼睛或耳朵的功能，好像别有所谓"我"，具备这些功能似的，岂不是犯重大的错误么？

普通人总以为外物在前，张目见之，此所见物只是物的自体，哪里是"识变相分"呢？故有桌则见桌，有瓶则见瓶，一人如是，众人亦然。其实这种看法是错误的。如说目所见桌，就是桌子的真相，试问这个桌子是惟色所成，抑是通声、香与触，若惟色成，以手击桌，就不应闻响、觉坚，以鼻嗅桌，亦不应觉香。可知此桌实通色、声、香、触。汝今张目惟见桌色，岂能说见色时全见桌体呢？且依印度逻辑立量：

桌体非眼所见——宗 Thesis（Siddhanta）
非惟色故——因 Reason or Middle term（Hetu）
犹如声等——喻 Example（Udaharana）

若谓桌体是各部分和合起来的，色为一分，由见色故所以说见桌，然其余声等既不可见，应从多分说不见桌。亦不应该说色分是占优势，因为色只是桌的一分呀！若谓眼取色不得桌体各感官和合可得桌者，须知一一感官不能得桌，而一一感官其境各异，怎样和合而能得桌？若谓眼虽不能见声与香、触，然此眼固能见桌色，惟此所见必非桌之整体，怎样可以说见桌即"实桌"呢？若谓眼虽不见桌体，眼实能见桌色，然桌色实有质碍，有质碍色必有容积，而汝所见仅有一面，非能全见上下前后左右，怎样能实见桌色？若谓不见桌全部能见桌一面即见桌者，然此一面色必有"宽""广""深"三度，有三度者必定可以分析，析之"原子""电子"，即非视官之所能接，可知亦非定能见桌一面色。克实而言：世间所知惟有自识所变的影像？（相分）假说可见，非实外色，若谓此所变"相分"即客观本身，纯由"意识"妄计分别而已。准此而说，则所谓符合，所谓一致，实无意义，直变成一句废话而已。

复次，我们要问怎样能够把我们的观念与实在比较呢？除非观念和实在两者，我们能直接地觉到他们的真确，且能互相比照，可是这样比较是不可能的。如果"实在"好像"观念"一样属于我们的经验，而"实在"的知识也和"观念"一样直接真确，那末我们不啻已得着实在的知识，自然就很容易把它与观念调和了。惟照我们经验而论：想把我们的"观念"与异乎经验的"实在"比较，这是不可能的。我们不能把山的观念和山的实在相比较，所能比较者，惟是见山时之观念与不见山时之观念耳。因为我们所能比较不过是观念与观念，非观念与实在。James 对于所谓一致（agreement）为使脑的剖解，其结果以为观念不能模写外物。譬如我们闭了眼睛想象墙上所挂的钟，当然是一个心中的摄影，然而除非我们是钟表匠，我们决不能把钟的机括完全摄写于心头，并且我们若想到钟的计时功用与钟内发条的弹性，则我们更不能摄成一个心影。但是有人对我们说到钟，我们便知是指墙上所挂的，可见平常语言只是一个符号而不是实物的副本或摹本。普通人的意思是一个真观念，一定是实在的摹本，实在错了。有些哲学家所谓观念论者（Idealists）更认为："凡可以为人所设想的事物，必为设想者心中的一观念，故舍心中的观念以外，决无事物可为吾人所设想者。申言之，观念以外的事物皆属不可思议，而不可思议的事物固不能存在的。"（Whatever can be thought of is an idea in the mind of the person thinking of it; therefore nothing can be thought of except ideas in minds, therefore anything else is inconceivable, and what is inconceivable cannot exist.）[①] 或者有人说，既然如此，观念与观念彼此符合，即可作真理的标准罢！但是"符合"两字在思想史上，有它特定的意义，系指观念与实在的符合，不能随便更改，所以真理的标准，我们仍不能不向他方面求索了。

---

① B. Russell, *The Problems of Philosophy*, p.21.——原注

十一　以效用论为标准

以上所讨论的标准，皆未臻完善，哲学家常努力寻求较善的方法，晚近最风行的学派莫若实用主义（Pragmatism）。此派在美国尤为发达，它是一种多方面的运动，其范围不限于某特殊问题，更不是限于专门的哲学。在这里，我们想说明的，并不是全部的实用主义，不过略述实用的真理概念而已。

实用主义在某一种意义来说，它是一种方法或一种真理的发展论（genetic theory of truth），换句话说，它是一种理论用实际的效用，来衡量思维的真假。如果实际的效用是满意，那思维便是真的，这样说，实在有些含混，我们先要问是怎样叫做实际和满意呢？某一种行为，战争谓可行，而宗教家或道德家则谓不可行。长官认为满意，部属则大不谓然。实用论者对于实际和满意两个名词的诠释，可分为四派：一、人本的（Humanistic），二、实验的（Experimental），三、唯名的（Nominalistic），四、生物学的（Biological）。这四者中间有相同之点，一个同时可以主张一个或多个的概念，然每因分派之故，而意见则益为纷歧。

对于"实际"一词作为用以标明凡足以满足个人的需求及人性的仰望者,非仅求合于一假设的非人格的、纯粹理性的真理之理想者的解释,就构成所谓人本主义派。詹姆士的实用主义富有人本主义的色彩,所著《信仰意志》(The Will to Believe)一文,即此义的一大渊源。他主张:"设有两不相容的命题在此,且无通常证据以资断定其孰真孰伪,凡最能适合我们的希望福乐的,我们便认之为真。"又说:"善的本质,仅在满足要求而已"(the essence of good is simply to satisfy demand)。席勒(Schiller)的人本主义,大体上似由引申扩充詹姆士的理论而成。一个命题的真理乃以其效果的实际价值为条件,而所谓实际价值,即指凡足以满足我们个人的需求者而言。这种论调,很有困难,因为我们有多少欲望绝不能满足,还有多少已满足的欲望反会引我们到错误的途径去呢!

实用主义的实验派是根据科学的实验方法。凡能用实验的方法来证明者,都是真的。各科学皆有此概念,实验方法若从广义言之,可应用于各门科学上。"民主政权"(Democracy)是对么?弗洛特[①]的"心理分析"(Psycho-analysis)是真的么?宇宙是有目的抑是机械?生命有价值么?一切的一切,照实验

---

① 西格蒙德·弗洛伊德(Sigmund Freud, 1856—1939):奥地利哲学家、心理学家,创建精神分析学。

派的观点,都具有同一的答复,"实验"才知道。此派实用主义很能代表一个重要的观念。

唯名派从广义来说是隶属于实验派的。唯名派主张"普遍"是空名,对于具体的、特殊的及自相的,在哲学上所占重要的地位皆极注重,而詹姆士、杜威二人尤为注意。若就此点来看,唯名派的实用主义,则其意义与唯名经验派无以异。因其欲我们以所知见的特殊个别的事实作真理的根据,而不以抽象普遍的理性原理为真理的依据。哲学家和科学家常有以抽象的概念或普遍当作真实的实在的危险。当他们这样做的时候,他们使概念实在化(Hypostatize the concept),就是看它是一种实体之谓,结果做成了许多外华而内空的废话。

凡在生物学基础上能帮助我们支配管束环境与情形,不但所以供文化的启发或满足纯粹理论的好奇心,由这种意义发展而成生物学的实用主义。此派的原理含有两方面:一、持纯粹心理学的理论,以为思想的发展无论其在全人类的历史上或个人的历史上,均所以适应实际生活的需求,而避免一切危机。二、所持的理论半为道德学的半为逻辑的,以为思想的标准与目的,在其对于实际生活具有保存与开拓的功能。前者关于思想的起源。后者关于思想的真确性与价值。后者大抵以前者为根据的。[①] 此派代表当推杜威(Dewey)。他在哲学,在孟太格

---

① Montague, *The Way of Knowing*, Ch. 5.——原注

（Wm. P. Montague）^①看来，最重要在如何应用生物进化论的观点，应用于心理学、逻辑学、伦理学、教育方法论各方面的大问题上，假使人类的理智，是应一生机体实际及进化上的需求而生，那么，要衡量理智的价值，舍视其是否具有特殊能力足以满足其所由生的需求，莫有可通的途径。生物学告诉我们：人是一个心理和物理的有机体。思想就是适应困难的环境的工具。例如吾人平常走路，用不着什么思想，当然不发生真理的问题，但是如果我们迷了路，我们一定立意去解决它，这个历程，便是思维。那末，我们思维的真假，端视能否解答问题以为断。因此派视真理乃适应环境而成功的一种方式，故称工具主义。这种工具又是内发的非外铄的，故又名为内在的工具（Immanent instrument）。杜威《哲学的改造》（*Reconstruction in Philosophy*）更明显底说：观念、意义、概念、想念、学说、系统，都是主动地改造当前环境的工具，排除某个特殊困难及纠纷的工具，那末这些工具的当否与价值的征验，在于能否完成这项工作。假如它把这工作弄成功，它是可靠的、健全的、正当的、好的、真的。假如它不能够把混乱弄清、把缺点除掉，假如根据它进行反而把混乱、犹豫、恶孽增加起来，它就是妄

---

① 威廉·佩珀雷尔·蒙塔古（Wm. Pepperell Montague, 1873—1953）：美国哲学家。主要著作有《认识的途径》等。

的。坚信确定证实在于功用和效果。[1]

我们现在讨论应否以实用主义为真理标准。第一，我们很明白实用主义，在好几方面在道德上是完善的。它是具体的、忠诚的、不夸大的、免除许多偏见的，并且造成一种空气使真理有寻求的可能。怪不得詹姆士（W. James）的《实用主义》（*Pragmatism*）为纽约最流通的书。哥伦比亚大学校长 Nicholas Murray Butler[2] 曾赞许那本书说："若果把它告诉路人，他会欢呼起来，因为他现在明白一切事物了。"

复次，实用主义好像包括很广，可用以测验各种真理，我们日常的一切具体经验，虽为冥想的哲学家所不顾，然我们势不能不加以注意，无论人本的、实验的、唯名的和生物学的事实，哲学应该给它相当的位置，凡事必计其效用，不知效用者，终是失策。所以真理的标准是其效用的结果。换句话说，所谓真理不是其自己的目的，乃是生活满足之工具，知识是一种工具，知识是为生活之目的，生活不是知识之目的。(The test of truth, then is its practical consequences: the possession of truth is not an end in itself, but only a preliminary mean to other vital satisfactions. Knowledge is an instrument; it is for the sake of life,

---

[1] ［美］杜威著，胡适、唐擘黄译，《哲学的改造》，第一四七页。——原注

[2] 尼古拉斯·默里·巴特勒（1862—1947）：美国哲学家。

life is not for the sake of knowledge.）所以，我们可以关于真理这样的说：那是有用的，因其是真的。或说：那是真的，因其有用的。科学之真理是其对于吾人所给的最大量的满足，旧真理与新事实的一致，尤其是最有权威者。（You can therefore say of truth that it is useful because it is true, or that it is true because it is useful. Truth is science is what gives us the maximum possible sum of satisfactions, taste included, but consistency both with previous truth and novel fact is always the most imperious claimant.）詹姆士（James）说："不顾最初的，如原理、范畴等，而只求最后的，如结果、结论、事实等，这个态度便是实用主义的方法。"但是所谓有无效用的界限，非常不易确定。克实而言：宇宙间每一件东西放在适当的空间、时间里，都有它的效用。反之，都没有效用。庄子说："宋人资章甫而适诸越，越人断发文身，无所用之。"[1]又说："宋人有善为不龟手之药者，世世以洴澼絖为事。客闻之，请买其方百金。聚族而谋曰：'我世世为洴澼絖，不过数金。今一朝而鬻技百金，请与之。'客得之，以说吴王。越有难，吴王使之将，冬，与越人水战，大败越人，裂地而封之。能不龟手，一也。或以封，或不免于洴澼絖，则所用之异

---

[1] ［清］郭庆藩撰，王孝鱼点校：《庄子集释》，中华书局1961年版，第31页。

也。"[1]不是很好的证明么？

复次，实用主义颇空泛而含混，人本的、实验的、唯名的和生物学的——不单互相重复，而且是互相矛盾的，这是很危险的。例如"不朽"这件事，在人本派认为真的，在唯名派则以为假。因为在这个世界或将来的世界里，一个人绝不能因他的永生观念在某特殊的时间中，令他做一个具体永生的人。在实验上视为真的，在生物上则或为无用。实用主义也尽力的为"实际"和"满意"两个名词立定界说，然其意义的含糊，反为显著。实际是相对的名词，凡能做某种目的的工具者，即可说与该目的有实际的关系。我们重要的问题是真理的理想要达到怎样的目的，对于这个目的，实用主义没有下一个清楚的界说。

唯名派的实用主义以为普遍是空名，特殊的、具体的及自相的才是真实。看似有理，但事实不是那样简单的。假如我们的一切知识都是特殊的，而且论及特殊的普遍是从特殊的经验而出，那么我们的思想，便发生一种奇异的不调和。唯名派以所知见的特殊个别的事实作真理的根据，这样主张如果是确切的话，则对于将来的知识是不可能了。科学也不能用法则（法

---

[1] [清]郭庆藩撰，王孝鱼点校：《庄子集释》，中华书局1961年版，第37页。

则是普遍）来预言日月之蚀、潮汐之涨落、太阳升降或是桥梁所能受的压力等事了。法则只施于特殊的，那是真的，但是它们的真实不是藏于或是完全根据于曾经或将要经验的特殊，真实的普遍是能应用于经验外的无限的特殊的。詹姆士看出这个困难，所以他说："事物间的关系也是可以直接经验之对象"，此语虽不错，但不能补救其困难。因为真正的普遍，不由于特殊关系而来，和不由于殊特的事物而来一样。这样说来，如果科学或任何永久的知识是可能的话，唯名派的实用主义就不可靠了。

复次，实用主义既主张真理的标准，是其效用的结果，则效用必系于人格而言。照这样说，岂不是等于说一切意义、一切价值都是相对的么？就是一个东西，一件事情，在我认为有价值，值得注意必须有一个欣赏价值的主观。于人有意义的东西始有价值。实用主义者主张真理是论理的价值（Truths are logical values），不也是各人私有的么？所以照实用主义推论的结果，势必至把公共的一个大真理变为各别的无数的小真理，但既然不承认主观与客观是先在的分别，则真理的绝对性，当然不能否认，我们最多只能说真理自身在发展中，而决不能说无数的真理是各自分散、互不相关。例如一个钟表，虽有许多机件、齿轮、发条，然却不是各各分散的。又如一个民族虽人人都是个体，然而仍有潜在共同的民族精神（民族精神就是构成民族的种种因素的总和，反射到一民族生活上面，成为它们特殊的风格）。所以真理既在发展中，便不是许多既成的真理散漫在那里，可见既取真理发生说（Genetic theory of truth），则断不能承认有无数同等的真理各自分散了。

实用主义以"经验"为唯一的存在。经验以外，一切都无。杜威认为"经验就是生活"（Experiencing means living），他反对旧派的经验论，以为有五点非修正不可：一、旧派把经验只认为知识，杜氏以为生物对于环境所有的交涉，不仅是知识而已。二、旧派以经验是心理的，全部都染透主观性。杜威以为经验就所显示而言，确是投入我们动作中，因吾人应付而生变化的客观世界。三、旧派以经验只限于过去与现在，杜威以为经验要点在尝试改变现前并向未来投射。四、旧派以为经验都是散屑，杜威以为经验是应付环境以求驾御，这些散屑经验中，有前后左右等连络的关系。五、旧派把经验认为与思想相反，杜威以为经验充满推测，所以推理是本有的。可见杜威经验论于感觉以外含有应付环境的总和性、客观性、未来性、关系性及推论性。换言之，便是于"实质"（Substance）之外，又承认有"方式"（Form），这种方式其自身若即是经验的一部分，便是康德（Kant）所谓先验性，虽离经验而独立的东西，然非与经验无涉，不过不由经验产生罢了。诚如是，岂非重返到他所排斥的先验性么？因为先验性是经验成立的条件，结合感觉的结合者，有此，才有真的综合。感觉如面粉，先验性如印模，印模嵌印面粉而成点心。就点心好比经验，可见先验性是精神上本有一种格式,是一个自动的印模呢。

实用主义四派之中,以生物学派为最盛行,独惜尚未完备耳。真理或哲学的标准,其用途绝不能限于真理的一部,必须包涵经验的全部和智识与信仰的各种对象,如果选择一种科学为标准之源,则未免像金字塔上下倒置,以偏概全了。纵使生物学是当代时髦的科学,但在别的时候,也许又轮到其他的科学,无论如何;哲学则无时髦可言,更不该任某种科学滥拥大权。其实,好些重要问题如物坠定律[①]、剩余价值、德谟克拉西[②]、自我意识,亦非专恃生物学所能解答了。盖由科学根据的范围是局部的,而哲学是由总观的方法(The synoptic method)而产生出来的。生物派的实用主义之所以不免以偏概全之诮者,正是因为它对于普遍价值理想和别的科学的观点,不是置之不论,就是论而不详。

复次,人是不能离开其他事物而生活的。柏格森说得好,"生命就在自己毁灭中的自己构造",用极浅的例来说:生物是不能不吸收外界的东西,以维持自己,可见生命是不能自存的,必须待外缘的扶助,苟把人类与生命分析一下,必见人类不能自完,生命不能孤立,可见以生物为中心的哲学而不推及

---

① 物坠定律:万有引力定律。
② 德谟克拉西:"民主"一词 Democracy 的音译。

宇宙人生的全境，是近于封锁政策。

虽然如此，实用主义仍是一个重要的运动，值得我们深刻的研究。可惜它含混矛盾，更不能包括一切，它能注意好些的重要方面确是对于哲学的贡献。可是它忽略别方面的重要问题，那就是它的短处了。

十二　以融贯论为标准

末后，我们要讨论的，是人类思想史所沿用和有效的标准——融贯论。如果本能、风俗、传说、普遍同意和情绪都是靠不住，官感的经验必受较高的标准来评衡，直觉不易断定它本身是真抑是假，符合论之所以失败，是因为我们不能把"观念"和"实在"比，而只能把"观念"和"观念"相比，实用主义之所以失败，是因为目的效用的界说的含混，以偏概全，和涉入先验范围，这些标准，都相继失败了，难道融贯论就可以成功么？

融贯的意义，就是系统的一致（Consistency），所谓一致是由"比量"（Inference）（以已知之经验比知未知之事物曰比量①）及"现量"（Perception）（真正之直接经验曰现

---

① 虞愚此处更多地是从民国早期我国学界关于狭义逻辑学的角度而对比量做出一般性的解释，若从印度因明学和声明学本身来看，"比量"梵文作 anumāna，anu 是"随"义、"随顺"义、"随后"义，māna 是"了别"义、"认识"义，即比量的直译本应为"随量"，亦即严格来说，所说比量乃为随现

量①)而来。我们知觉一件东西不仅是理会它的特殊的内

量之后而生起的量(即认识),就此而言,虞愚基于融贯论的立场而以现量与比量为辨别真伪的确实性标准,乃是古典大乘佛教量论因明学"二量说"的本有之义。进一步来说,设若依据许慎《说文解字》"六书"理论而探讨"比"字的古典义,可知一方面若依亲密相随而立名,则"比量"之"比"应读音为 bì,如"毕",即"随量"义;另一方面,若依比类立名,则读音为 bǐ,如"笔",则直接包含虞愚所说"以已知之经验比知未知之事物"之义。关于比量概念的详尽辨析,参见顺真:《印度陈那、法称量论因明学比量观探微》,《中山大学学报》(社会科学版),2019年第6期。

① 现量:现量的梵文是 pratyakṣa,该词由 prati(别)与 akṣa(根)复合而成,意即"于一一根独立生起的量"。佛教量论关于现量的定义最早见于《因明正理门论》,陈那界定为"现量离分别",其《集量论》曰:"'现量离分别,名种等合者。'此总说若识离诸分别,是为现量……所离分别为指何等?曰:谓离名种等结合之分别。如随欲之声……诸种类声……诸功德声……诸作用声……诸实物声……总之,缘此等声所起之心皆属分别,皆非现量。要离彼等分别,乃是现量。"(陈那造,法尊编译:《集量论略解》,中国社会科学出版社1982年版,第3页)其弟子商羯罗主作《因明入正理论》亦从其说。法称一方面坚守陈那的定义,如《释量论·现量品》曰:"现量离分别"(僧成大师造,芯刍法尊编译:《释量论释》,中国佛教协会1980年刊印,第193页),同时基于佛教量论的立场给其下了总定义,《释量论·成量品》曰:"量谓无欺智,显不知义尔。"(同上,第121、122页)法称基于普遍量论的立场,将陈那定义的"意许义"展示为一般性"言陈义"层面的界定并略有增加,如其《正理滴论》曰:"众人所务,凡得成遂,必以正智为其先导。是故彼智,此论今详。正智有二。一者现量,二者比量。此中现量,谓离分别,复无错乱。"(法称著,王森译:《正理滴论》,见王森著:《藏传因明》,中华书局2009年版,第191页)

容,也能知它的关系,^①最显著之例,莫若矛盾律(Law of contradiction)。婴孩遇不满意之时,则以摇头以表示"否"。

这成为印度佛教关于现量最为标准化的界定。藏传量论又将陈那、法称关于现量、量的定义做了综合性的考量,进而根基于"言陈义"向度以最完备的语句给出现量的定义,宗喀巴大师曰:"量,从定数分为:现量、比量二种。谓离分别无错谬之一,新证自境,为现量之性相。此定义适用于不同之四种现量。"(宗喀巴著,杨化群译:《因明七论入门》,见杨化群著译:《藏传因明学》,中华书局 2009 年版,第 78 页)与量完全相违的即是非量:"于自境非新证之知觉,为非量知觉之性相。分为:已决智、颠倒识、疑惑、分别意(有译为'伺察''思察')、见而未定五种。"(同上,第 56 页)故排除非量即是量,一如普觉·强巴所言:"自宗云:新起非欺诳之了别,为量之性相。在所言量之性相(定义)整个概念上,言新起、非欺诳、了别等三个特点,有其必然的作用,即言以新起,排除已决智是量,言以非欺诳,排除伺察识(分别意)是量;言以了别,排除有色根(浮尘根)是量故。"(普觉·强巴著,杨化群译:《因明学启蒙》,见杨化群著译:《藏传因明学》,中华书局 2009 年版,第 327 页)若从量与非量的不同来看,如前所述虞愚"破他宗"所涉九种标准,虽其自身存在具有不可否认的文化存在性与价值性,但设若其作为辨别真伪的标准,则要么是似现量如情感、感觉、直觉,要么是似比量如本能、风俗、传说、遍许、符合、效用,即皆是"非量",唯真现量与真比量之"二量"排除了一切"非量"的可能,为"离分别无错谬新证自境之知觉"即确实性的认识与知识,故其具有作为辨别真伪之真正标准的逻辑必然性。

① 这是完全基于量论因明"二量说"的现代表达。所谓"特殊的内容"的确切所指即是作为现量之对境的"自相",而"关系"的确切所指即是作为比量之对境的"共相"。

在逻辑上也有矛盾律，矛盾云者，然与不然不能兼备于一物（Nothing can both be and not be）。^①其方式则甲不能是乙同时又不是乙。换言之，一件事物不能同时是真又是假，那没有矛盾之可能的事物，同时，便是真的。本来一个东西，在前后不同的时间或空间呈矛盾的现象，容或有之，而在同时同地则不能。好比如同一户牖开张之后，固可关闭，关闭之后亦可再张开，然而不能同一时间同一空间，既谓之为开，而又谓非开矣。又如有纸于此表之色为白，里之色为黑，或表之一部为白，一部为黑，这当然是可能的事，然同时同地为白又为黑的矛盾现象则没有了。我们思维的时候，若不注意及此，则往往陷入谬误。亚理斯多德尝说："同一宾辞不能同时在同一意义之下，属于一主辞而又不属于该一主辞。"（It is impossible that the same predicate can both belong and not belong to the same subject at the same time and in the same sense.）^②斯言可谓此律的注脚。复次，犹有较明显之例，就是同一律（Law of Identity）。

---

① 《庄子·寓言》曰："有自也而可，有自也而不可；有自也而然，有自也而不然。恶乎然？然于然；恶乎不可？不可于不可。物固有所然，物固有所可。无物不然，无物不可。"

② 今译为"同样属性在同一情况下不能同时属于又不属于同一主题"。见［古希腊］亚里士多德著，吴寿彭译：《形而上学》，商务印书馆1995年版，第62页，编码1005b19–23。

我们所讲既是那件东西绝不能够指别的东西,所以逻辑说甲就是甲(Whatever is, is)。此律不仅谓"甲即为甲",实含有"甲为乙而仍不失为甲"之意。据普通解释一物即一物非他物,一事即一事非他事。凡物皆有其所然,因其所然而然之,则物莫不然。故苏格拉底为苏格拉底不能变化不定。换言之,吾人推理之际不得不认各物自含有永的性质或品德,[1]同一之物在同一情况应保持同一的内容。盖吾人要有认识则事物之性质必须维持固定,至于事物的不断变化,此律固未尝否认,不过先认为有变化,且进而肯定以为不同之中终仍有同一耳。如苏格拉底其身体、性格、地位、声望,自少壮以至殉道,不知曾经几许变迁,殆无有一日之同一。然为幼年与Parmenides[2]谈论之苏格拉底,与中年舌辩于Potidaea[3]的苏格拉底无以异也。舌辩于Potidaea的苏格拉底与晚年狱中的苏格拉底无以异也。此差别变化之中,恒存相续统摄之点,乃一种抽象的统一(abstract unity)。设言苏格拉底为苏格拉底又非苏格拉底,则一切言语思想均无由建立,而人类的情意亦无从以共喻。辩证方法(Dialectical method)以物之迁化,无同一之可言,遂标"质量在变""对立统一""否定之否定"三律,殆不知有"能""所"之分。就所思想的对象之内容言,诚方生方死,方可方不可,

---

[1] 文中所言"永"字,依据下文即"同一""统一"之义。

[2] 巴门尼德(约前515—前445),古希腊前苏格拉底哲学家。

[3] 波提狄亚,古希腊城邦。

变易无常。就能思辨的方法言，则须维持抽象之统一耳。总之，凡能遵依矛盾律或同一律的事物，我们便说它是内部一致的。亦即拉丁语"站在一起"之义。

凡不能一致的一定有错，如果我们叫这种花做"兰"，忽然叫"蕙"也是"兰"花那就是谬误了。因为我们犯了矛盾律呢！怎样不一致是自戕，也可说是意识生命的自杀？比方我说"约翰是人但他并不是人"，或是我照生物学上说"他是人"，照道德上说"他不是人"，如其不然，这句话就上下矛盾了，不成话了。在我们思想当中，虽没有这样明显的矛盾，然在实际上往往有矛盾的地方，不过我们觉不着就是了。比方说"一切道理皆是相对的"，其实这个命题就含有矛盾的地方，假如你说一切道理皆是相对，则你所说可称绝对，既非是相对，一分是绝对故，便违背主辞一切之言。假使你所说自是相对，其他不是相对，你现在胡说绝对为相对，你的道理成为相对。其他道理成为绝对，又违背宾辞皆是相对。这种叫做"自语相违过"[①]（Incompatible with one's own statement）。

---

① 玄奘法师所译陈那弟子商羯罗主所著《因明入正理论》（简称《入论》），是古典时代汉传佛教影响最大的一部因明论典，论主将宗、因、喻三支可能出现的过失概括为三十三种，一般称为"三十三过"，其中宗有九过，因有十四过，喻有十过。此处所说"自语相违过"，即宗九过中的第五种，如有立宗曰："我母是石女"。石女本指不能生育的女性，其与"生母"正相矛

或许有人会说："一致律是形式的和空虚的。"在某一种意义上说，它实是形式的，至于空虚则不然，如果一个人真能屏除他思想上的矛盾点，可以说，他已经找到真理之门了。但一致律之为形式的固无疑义。它普通［通］只告诉我们说一切事物要站在一起，但没有说怎样站，站在哪里，为什么要站在一起。我们都承认真理是应当内部一致的，然而内部一致的命题未必是真的，那我们怎样鉴别真伪呢？

关于此，[①]我们应知中端（中名词）有三个特性（Three characteristics of the middle term）：一、整个小名词必系于中名词。（The whole of the minor term must be connected with the middle term.）如提出"声是无常"[②]一个主张（Thesis），以"所作性故"为理由（Reason or middle term），第一重要，便是整个"声"必全系于"所作性"。换句话说：为中名词的"所作

盾，如是立宗即犯"自语相违过"。陈那在《门论》中给出的例子是"凡语皆是妄"。

① 以下一段三点内容，是基于西方形式逻辑的一般用语如小词（S）、大词（P）、中词（M）进而引入量论因明学"遍是宗法性""同品定有性""异品遍无性"即"因三相"，由是确立辨别真伪的逻辑标准，即在"关系"向度符合"一致律"的逻辑标准，实质即是关于比量智的确实性标准。

② "声是无常"是因明学例举最多的宗，其中"声"是前陈，"无常"是后陈。此命题的实质意蕴是用以反对圣言量，表明真知识的来源唯有现量和比量。

性",立敌两方必须共同承认于所主张主辞的声有遍满的性质之意。假使所举中名词不是与所主张的主辞有必然的关系,我们根本就不能用它来成立命题的,因为中名词与命题主辞不发生连系,则堕不成(The unapproved)之过。如对方既不承认声是所作性,就可以不承认声是无常的。第一特性质言之,即共许声具有所作性一德而已。① 二、中名词所指一切事物必与大名词所指事物相一致。(all things denotes by the middle term must be homogeneous with things denoted by the major term.)(别墨② 与穆勒③ 名曰求同法,The method of agreement。)如前例,"声"与"无常"分开本立敌共同承认(如敌不许有"声",即为所

---

① 德:梵文为 guṇa,指存在物的属性。

② 别墨:语出《庄子·天下》:"相里勤之弟子,五侯之徒,南方之墨者苦获、已齿、邓陵子之属,俱诵《墨经》,而倍谲不同,相谓别墨。"关于《墨经》六篇著者所属以及"别墨"之所指,民国时代学界争议较大,虞愚对此有详尽讨论并有独特见解,以为《墨经》六篇基本为墨子本人所著,同时基于先秦形名家即为名家的断定,以为形名家一派"从其师承上言之,可称'别墨',从其讲求形式名相之理,亦可称谓形名家,而别墨与刑名家,皆班固所谓名家也。或以背诵不同系俱诵《墨经》,而不与经合,则显为异派"(虞愚:《中国名学》,正中书局 1937 年版,第 99 页;又见于刘培育主编:《虞愚文集》第一卷,甘肃人民出版社 1995 年版,第 521 页)。

③ 穆勒 1843 年出版的 *A System of Logic, Ratiocinative and Inductive*(《逻辑学体系:演绎和归纳》),于 1905 年由严复节译成中文出版,题名曰《穆勒名学》,在我国学界具有广泛而持久的深刻影响。

别不极成,Incompatible with an unfamiliar minor term,不许有"无常"即成能别不极成,Incompatible with and unfamiliar major terms,二俱不许则曰俱不极成,Incompatible with both terms,①遇此等情形时,则当先立命题以成立"声"与"无常",方无过),然二者联合起来构成一个命题,以无常为声的宾辞,则为立者所许而非敌方所许可。立敌所争在此一点。现在敌方虽不许声为无常,而声为所作,所作为无常,则为立敌两方所共许。遂以共许的"中名词"在命题主辞之上,成立不共许命题的宾辞,说:凡物之具有某德者(声是所作),具此德物又别有某德(若是所作见彼无常为同喻体,如瓶盆等为同喻依),则此物亦必具有某德(声是无常),于是以无常为声的宾辞,从前敌方所不许的,至此亦加许可,盖命题所依据的理由正当与否,一定要举例为证,可以使敌者不驰想象,能得事实

---

① "极成"指"共许极成"。印度立宗规则需要违他顺自,同时对宗依即构成命题的前陈(主词)与后陈(谓词)需要达成共许,即在关于主词、谓词之内涵与外延的界定方面均为一致。若违背这一立宗规则即被称为"极成过",即前述"三十三过"中宗九过的后四种:一是能别不极成,指宗的后陈没有达成共许;二是所别不极成,指宗的前陈没有达成共许;三是俱不极成,指前陈和后陈均没有达成共许;四是相符极成,指双方均认可宗的前陈和后陈,且均认可所立的宗如"声是所闻",因而没有辩论的必要。参见虞愚:《因明学》,中华书局1936年版,第54—60页;又见于刘培育主编:《虞愚文集》第一卷,甘肃人民出版社1995年版,第57—62页。

于当前,这是研究因果性的关系。声是无常的命题,虽未经敌方承认,但以所作性为理由,并有同类的瓶盆等,具备命题的宾辞。那么,声是无常已有推论可能。因为瓶盆等的同是所作性为无常的真正因由,理由非常充足,所举理由于所立命题同类的事物决定有同样性质,所以说中名词所指一切事物必与大名词所指事物相一致。质言之,就是所举的同类的例证,必与命题的宾辞,成正相关。三、凡与大名词相异之物必不与中名词相一致。(None of the things heterogeneous from the major term must be a thing denoted by the middle term.)(别墨与穆勒名曰求异法,The method of difference。)如前例:所作性为无常,举有同类的瓶盆等为证明,声是无常,固可成立矣。但恐怕所作性的理由(中名词)性太宽,溢入异类事物之中,宇宙间如有虽系所作性而仍属常之物,那么对方可以拈此而出其"不定"①(The uncertain)之过,谓如瓶盆之以所作而无常耶?抑如此物之以所作而常耶?所以更须举与此命题异类事物的"虚空"和命题的宾辞站在相反的地位,证明若是其常,见非所作,亦即所以说明若是所作见彼无常。所以说凡与大名词相异之物,必

---

① 指三十三过中因十四过中的六种不定过,即在任意一个立宗的论式中,如果所给证因不能满足因三相的后两相即"同品定有性"或"异品遍无性"其中之一就造成宗不能确定,故犯"不定因过"。后文虞愚对此有详细的解释。

在中名词所指之外，这样遮非，乃得干净也。总而言之，一个命题的理由，必须具备这三个特性，缺第一条件，中名词不是命题主辞（小名词）上决定有的某德，不成与命题有关系的理由，那么对方利用这一点，就可以推翻全案。[①] 缺第二特性，不能决定命题中所立宾辞之是。缺乏第三条件不能去掉与命题相违义之非。致真去伪，这三个条件非常重要，所不同者前一特性考定命题中主辞属性关系，后二个条件研究命题宾辞当中正反的因果的关系罢了。

复次，每一比量，有三个命题，这三个命题，立者虽皆认为"周遍"（Universal），而敌方惟认二个是周遍，一个则非周遍（Particular）。[②] 立者宗旨，即在以共许的二周遍，成一不共许的周遍。如说："声是无常，声是所作，所作是无常"，这一量中的三个命题，立者都认为周遍，而敌方只认后二个命题是周遍的，前一命题则曰声非无常。今试以（=u）代周遍，以（=p）代非周遍。那么，三个命题中必有二个（=u），一个（=p），立者如以二共许的周遍成一不共许的周遍，必须把这共许二周遍的命题，中间有一名辞通用，而这通用之词，一正一负，正负相消，那么所剩余的，刚好使非周遍的变成周遍的。

---

① 案：断案，命题的别称，如文中所述"声是无常"。

② 周遍：此处指立宗双方对某一命题在前陈（S）与后陈（P）共许极成前提下的共同认可。

试表如下：

设声 =A	所作性 =B	无常 =C
声为所作性	故 A=B	即 A–B=u（1）
所作性为无常	故 B=C	即 B–C=u（2）
敌谓声非无常	故 A ≠ C	即 A–C=p（3）
上（1）（2）= 周遍判断中	有 B 通用	且一正一负
相加得 A–C=u	即 A=C	即声是无常

假使三个命题当中没有二个共许的周遍，或者二个共许的周遍没有一名辞通用，而通用又非一正一负，就是形式具备，许多错误一定随之发生。这是比量辨别真伪的关键，我们所应当留意的。

以上中名词的三个特性，不仅说明命题本身的结构，并且说明了命题与命题间涵蕴的关系，正符合我们所规定的逻辑的定义。假使缺乏第一特性则发生"不成"的谬误；缺乏后二特性则有"不定"及"相违"的谬误。今将拙著《印度逻辑》[①]对于"不成""不定""相违"诸解释，节录如下，藉知中名词三特性在辨别真伪上是如何的重要。

---

① 《印度逻辑》共计九章，撰写于1937—1938年，是虞愚继《因明学》（1936）、《中国名学》（1937）、《书法心理》（1937）后所创作的第四本学术专著，1939年由商务印书馆出版。

中名词的谬误（Fallacies of the middle term）共有三类，"不成"、"不定"及"相违"。不成者，谓若举因不能成宗，故名不成。前说中名词当具三个特性，方能成立命题，今缺一特性，[①]则名"不成"（The unapproved）。不成有四：

（一）立敌俱谓此中名词[②]非于主辞上有，不能成宗，是名两俱不成（When the lack of truth of the middle term is recognised by the both parties）——如胜论[③]师对声论[④]，立声无常命题，眼所见为中名词，凡为中名词必须立敌共许于"主辞"上有而成一不共许命题，今眼见中名词，胜、声二师皆不共许于声主辞上有，不能成其所立之命题，故云两俱不成。

---

① 此句《印度逻辑》一书为"今缺第一相"，详见虞愚《印度逻辑》，商务印书馆1939年版，第50页，亦即"今缺第一个特性"之义。

② "中名词"一词即作为三支论式的证因M，其在《印度逻辑》一书中或作因、正因、因法，在本书中虞愚多改作"中名词"。又引文中"有法""前陈"或"所别"一词改为"主辞"，"法""后陈"或"能别"一词改为"宾辞"，"品"一词改为"类"，"法"一词改为"事物"，"宗"一词改为"命题"，"相"一词改为"特性"等，下同。

③ 胜论：印度六派哲学之一，核心主张"六句义"，即：实，实体；德，属性；业，作用；同，共性；异，差别；和合，前五的普遍联系。

④ 声论：印度哲学流派，主张语言概念具有永恒实在性。又分为声生论和声显论两个支系，声生论主张声原本没有，在条件具备后而产生，并永恒存在；声显论主张声原为常住实有，条件具备时而显现。

（二）立敌一许一不许中名词于"主辞"上有，是名随一不成（When the lack of truth of the middle term is recognised by one party only）——如胜论师立声无常命题，如对声显论以所作性为中名词，彼不许此中名词于主辞上转，故是随一不成，然此在敌不成，乃是他随一不成，盖声显论但说声从缘显，不许所作有生义也。

（三）中名词自体有疑，立敌两方不成决定，不能定成其命题是名犹豫不成（When the truth of the middle term is questioned）——如有人远望彼处为雾、为烟、为尘、为蚊，自未能决，若遽云："彼处有火，以见烟故。"此见烟中名词既疑似未定，不能定成有火之命题，故是犹豫不成。

（四）主辞非是共许，中名词无所依附，是名所依不成（When it is questioned whether the minor term is predicable of the middle term）——如胜论师对经部①立虚空实有命题，德所依为中名词，此主辞的虚空既标实有，对经部师无空论者，非是共许。主辞既已不成，更复说德所依因，又依何而立？故名所依不成。

二、不定者，谓若此中名词，虽能成命题，而不定成同品

---

① 经部：小乘佛教之一部，主张外境不能直接认识，一切色法均属假有。

之命题，故名不定。以中名词若是同有异无，方能定成命题。今缺此二，同异品中，中名词皆遍转，无所楷准，故名不定（The uncertain）。不定有六：

（一）同异类俱有此中名词，是名共不定（When the middle term is too general, abiding equally in the major term as well as in the opposite of it）——如声论对唯识家[①]立声为常命题，所量性故为中名词，同喻如空，异喻如瓶，然此"所量性"中名词太宽〔若常、无常等皆为"心"（Citta）、"心所"（Mental properties）之所度量之境〕，于常无常一切事物，皆悉遍有，不能定成其"常"之命题。故为不定云：为如瓶等所量性故，声是无常耶？抑如空等所量性故，声是其常耶？故名共不定。试图如下：[②]

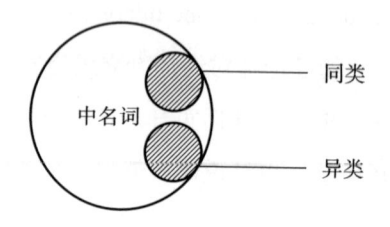

[①] 唯识家：唯识宗，为大乘二宗之一，一般主张万法唯识、离识无境。

[②] 以下五图为《印度逻辑》一书所无但已见于虞愚《因明学》。其中第一、二、三、五四图与原书完全相同，而第四图略有改动。详见虞愚：《因明学》，中华书局1936年版，第73页。

（二）同异类皆无此中词，是名不共不定（When the middle term is not general enough abiding neither in the major term nor in its opposite）——如声论对除胜论所解［余］诸师，立声常命题，而以耳所闻性为中名词。此所闻性中名词，唯声上有，声外一切皆非所闻。若立此者，不惟无常异类无有此中名词，即除声以外所余常类亦无此中名词，缺无同喻即缺中名词之第二特性，由是同异类中，中名词皆非有，为作不定云：为如空等体是常住性非所闻，而声为所闻体即无常耶？抑如瓶等体是无常性非所闻，而声为所闻体即常住耶？缺第二特性，故名不共不定，试图如下：

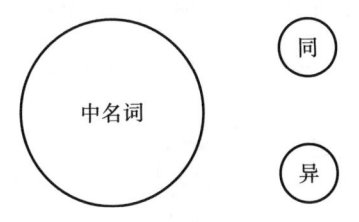

（三）同类一分有一分非有，异类有，是名同品一分转，异品遍转①（When the middle term abides in some of the things homogeneous with, and in all things heterogeneous from, the

---

① 遍转：因明学用语。"转"，虞愚界定为"能到能达义"，虞愚：《因明学》，中华书局1936年版，第76页。即生起、具有之义。所谓"一分转"即部分具有，所谓"遍转"即全部具有。

major term）——声生论许声所作性非勤勇无间所发（勤谓策励，勇谓勇猛，展转相续中无间断，名为无间，法本具有，今从缘显，是名所发。此指内声也）。声显论许勤勇发而非所作，故今声生对声显论立声非勤勇所发为宗，而以无常性故为因。以电、空等为其同喻，然此无常性于电等有，于空等无，谓电、空等俱非勤发为命题同品，然此无常性于彼"电"等上有，于"空"等上无，同类一分有一分非有，故是同品一分转也。又复立声非勤勇无间所发命题，以瓶等为异类，然瓶等是勤勇无间所发，其无常中名词于彼遍有，即是异品遍转也。如是此中名词以电、瓶为其同类，亦是不定：为如瓶等无常性故声是勤勇无间所发耶？抑如电等无常性声非勤勇无间所发耶？由是道理，此因成立命题亦属不定。试图如下：①

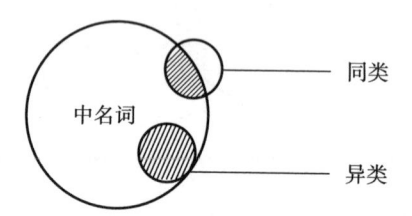

---

① 此图与虞愚《因明学》一书所列第三图无别。《怎样辨别真伪》1946年重庆初版亦复如是，而流传较广的1947年上海初版关于异类的表达却只有圆圈底端⅓部分的斜线，明显是排版印刷的错误所致，读者阅读时要特别留意。

（四）异类一分有一分非有，同类有，是名异品一分转同品遍转（When the middle term abides in some of the things heterogeneous from, and in all things homogeneous with, the major term）——如声显论对声生论立声是勤勇无间所发命题，亦以无常性为中名词，瓶等勤发为其同类。无常性中名词于彼遍有，此即同品遍转也。以"电""空"等非勤勇发为其异类，无常性中名词于彼一分电等是有，空等是无，异类一分有一分非有，故是异品一分转也。是故应如前说，以瓶以电为同类，故亦为不定云：为如瓶等无常性，故声是勤勇无间所发耶？抑如电等无常性故，声非勤勇无间所发耶？此中不定其义同前，今试图如下：①

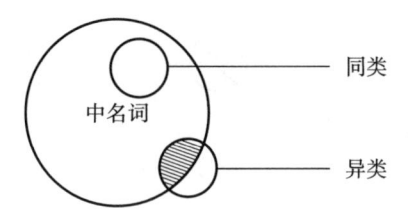

（五）同异类俱一分有一分非有，是名俱品一分转（When

---

① 此图与虞愚《因明学》一书所列第四图略有不同，其中"异类"的表达相同，而"同类"的表达《因明学》为"非全同同类"的"遍转"，故同类圈为全斜线圆圈，而此书为"全同同类"的"遍转"，故同类圈为无斜线的圆圈。

the middle term abides in some of the things homogeneous with and in some heterogeneous from the major term）——如声论对胜论立声常命题，无质碍故为中名词，虚空、极微①等皆是其常为命题同类，然无质碍中名词于"空"等有，于"极微"等无，此即同品一分转也。又"瓶""乐"等皆是无常为命题异类，然无质碍中名词于"乐"等有，于"瓶"等无，如是中名词既俱分有，应以"乐""空"无质碍性为其同类，故不能定成一命题，为作不定云：为如乐等无质碍故声是无常耶？抑如空等无质碍故声是其常耶？试图如下：

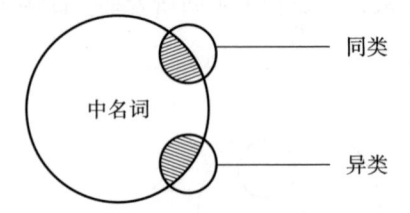

（六）主辞上有二中名词，各具三特性，不能令敌者发生决定之智，是名相违决定（When there is a non-erroneous contradiction i.e. When a thesis and its contradictory are both supported by what appear to be valid reasons）——胜论对声生论立声无常命题。所作性为中名词。譬如瓶等。此所作中名词，

---

① 极微：梵文曰 aṇu，物质中最微细者，又译为原子。

三特性具足应是合理，不名不定。然同时声生论还对胜论有相违命题之中名词而有所立，谓立声常命题，所闻性故为中名词。譬如声性。此"所闻性"及"声性"皆两方共许，又复此中名词亦具三特性，可名能立（Demonstration），以之成立命题，然此所闻性为无常宗之相违决定之中名词，则前举所作性中名词立声无常，应为不定，而所作性为常住命题相违决定之中名词，则后举所闻性中名词成声是常命题，亦为不定。既令二命题决定成相违，为作不定云：为如瓶等所作性故声是无常耶？抑如声性所闻性声是其常耶？此二皆是犹豫因，故俱名不定。

三、相违者，谓若此中名词，能成所立相反之命题，故名相违，以中名词定须同有异无，方命所立。不然，同无异有，与命题相违法为中名词，适成相反之命题。此亦阙中名词后二特性之过，故成相违（The contradictory）。[①] 相违有四：

[①] 以下所说"四相违因"关乎印度声论派、数论派、胜论派依其哲学核心教义所立宗以及佛教教派对其所作的驳破，义理繁复，逻辑玄深，颇难解悟，是佛教量论因明学"因过"的难点之所在，而《印度逻辑》的相关阐释又比较简略，可详参虞愚《因明学》：中华书局1936年版，第83—95页；又见于刘培育主编：《虞愚文集》第一卷，甘肃人民出版社1995年版，第81—92页。另可研读吕澂：《因明入正理论讲解》，中华书局2007年版，第235—243页。

（一）违所立命题中"宾辞"（大名词）言显之自相故，是名"法"自相相违（When the middle term is contradictory to the major term）——如声生论说声常命题，所作性故为中名词，或声显论说声常命题，勤勇无间所发性故为中名词，如是二中名词，于异类无常中有，是故相违，应成相反命题云声是无常，所作性故，或勤勇发故，譬如瓶等，如是二中名词不能成常，反成无常，故名"法"自相相违，"法"即宾辞之异名也。

（二）违所立命题之"宾辞"（大名词）意许之差别故，是名"法"差别相违（When the middle term is contradictory to the implied major term）——如数论对唯识论立眼等必为他用命题。积聚性故为中名词。如卧具等为例证。此中名词数论本欲成立眼等必为不积聚他之"神我"用，然唯识论持此中名词反能成立所立"法"差别相违之积聚他之"假我"用，以诸卧具等积聚性故，既为积聚"假我"用胜，眼等亦是积聚性故，应如卧具等，亦为积聚"假我"用胜，立者"他"意许之差别在不积聚他，然以积聚性为中名词于所立命题，同无异有，故成"法"差别相违，"法"义如前。

（三）违所立命题"主辞"（小名词）言显之自相故，是名"有法"自相相违（When the middle term is inconsistent with the minor term）——如说：有性非实非德非业命题。有一实故有德业故为中名词。如同异性为例证。此为胜论师似能立

（Fallacy of demonstration）之例也。胜论论师悟有所证六句义：一实，二德，三业，四大有，五同异，六和合。后为弟子五顶说其学说，除大有外，所余五句彼皆信之，谓实德业性不无，即是能有，岂离三外，别有能有？胜论论师成立此量云：有性非实非德非业命题。有一实故有德业故为中名词。如同异性为例证。谓大有性能有于实等，离实德业三外别有，体常是一，举彼所信同异句以为同喻。谓同异性能同异彼实德业三，即离实等外别有，"大有"亦然。"大有"为能有，实德业三为所有，岂惟实德业不无，即是能有耶？五顶由斯便信。陈那为辨真之准的，作立破之权衡，细勘所举之中名词与所立命题主辞言显之自相相违反，遂为破云：汝所执有性应非有性命题，有一实故有德业故为中名词。如同异性为例证。盖同异性能同异于实德业，同异性非有性，则有性能有于实等，有性应非有性。义决定故。此与相反者，并不在"有性"之如何，而直取消其"有性"之自身，故成"有法"自相相违。"有法"即主辞之异名也。

（四）违所立命题"主辞"（小名词）意许之差别故，是名"有法"差别相违（When the middle term is inconsistent with the implied with minor term）——如前例改云：大有有缘性非实非德非业命题。有一实故有德业故为中名词。如同异性为例证。但此中名词为同无异有，为作与彼主辞意许之差别相反命题云：汝所执非实德业之有性，应非大有有缘性，有一实故有德业故。如同异性。盖同异性能有于实德业，虽证同异离实有缘性，惟此为同异之有缘性，亦不作大有之有缘性。本意欲成立作大有有缘性，今即用其中名词及例证适成相反之非作大有有缘性，故名"有法"差别相违。有法之义同前。有缘性者，即所缘境之异名。由境为因，引起能缘故，遂说境名有缘性。缘者，缘虑义也。①

以上所说，中名词的三个特性及应避免"不成""不定""相违"各种谬误，是"比量"在辨别真伪上重要的规律，但是这种用已知的经验比知未知的事物，充其量只能得宇宙间一切事物的"共相"而已。至于"自相"则毫无所与。所以我们除了共相，还要知道自相。自相是什么？《佛地论》说："诸法实义各附己体为自相。"②（此"法"字泛指宇

---

① 以上所节录的原文见于虞愚《印度逻辑》，商务印书馆1939年版，第49—54页；又见于刘培育主编：《虞愚文集》第一卷，甘肃人民出版社1995年版，第155—160页；虞愚著，单正齐编：《虞愚文集》，商务印书馆2018年版，第184—189页。但虞愚在引自家《印度逻辑》一书时，由于理解与表达的关系，其与原书并不完全等同，或增字减字改字，或标点不同，但于文义并无根本改变，故不一一注出。所需核勘阐明之处，详见校注者的相关脚注。

② 节引自《佛地经论》卷6："彼说一切法上实义，皆名自相，以诸法上，自相共相，各附己体，不共他故。"《大正藏》CBETA版，册26，第1530号，p.318b5–7。

宙间一切事物，略当英文的 Things 字）自相有二义：一约世俗，凡有体显现得有力用引生能缘者，是谓自相。二约胜义，凡离假智及诠，恒如其性，谓之自相。换句话说：自相就是宇宙间一切事物的本来面目。但是这种自相，唯属自内证智的所证知，绝非思虑名言之所能表达。假使思虑名言能得事物之自相，那么，如火以烧物为它的自相，说火的时候，火就应烧口，思火或想火的时候就应焚脑。我们说火时，口并不被烧，思火或想火时，脑亦并不被焚，可知所思所说并非火的自相，只是贯通诸火（厨火、灯火以及山野之火）为彼共相。什么是共相？《佛地论》说："假立分别通在诸法为共相。"①《大疏》说："以分别心假立一法，贯通诸法，如缕贯花。"②譬如说："花"，遮余非花，一切兰、蕙等都包括在内。乃至说："人"遮余非人，一切智、愚、贤、不肖都包括在内。贯通诸法，表示不惟在一事体之中，逻辑上名曰"概念"（Conception），但是这些概念，唯是假立，起初并非实有，思想及文字语言所能办到惟此而已。在这，或许有人会说：假

---

① 节引自《佛地经论》卷6："若分别心，立一种类，能诠所诠，通在诸法，如缕贯花，名为共相。"《大正藏》CBETA 版，册26，第1530号，p.318b7–8。

② 出自《因明入正理论疏》卷下，《大正藏》CBETA 版，册44，第1840号，p.138a15–16。

使说火不能得火之自相,那么,唤火也可以得水,同样,唤水也可以得火,因为都不能得自相的。这种说法是不对,须知一切语言文字有遮的功用,也有表的功用。说火的时候,除掉不是火的事物,不是得火的自相,而所以得到火又不得水者因为一切语言文字有表的功用,所以只能得于火,不会得于水。[①]假定依瑜伽的道理,假名不能诠表实相更有四重意义:"一者若谓名能诠实,于一实事得有多名,名既成多,事亦应多,事既非多,名唯假立。"譬如一个狗,[②]也可以叫做犬,假使都可以代表真实,狗就应该成为两个,而实际上狗并非两个,可知狗、犬的概念都是假的。"二者若谓名能诠实,于一实事可有异名,名既有异,实亦应异,今事非异,名唯假立。"庄周说:"圣人不死,大盗不止。"[③]假使都可以表达真理,那么一个人应该变成不同的东西,而实际

[①] 以上以火为例讨论"自相""共相"之义与以下关于"名唯假立"等四点内容的讨论,为虞愚引述发挥其师王恩洋《佛法真义》一书中的两段讲解而成。该书为支那内学院早期佛学教材之一,由支那内学院1923年刊印,1936年由四川内江东方文教研究院出版。原文详见王恩洋著:《中国佛教与唯识学》,宗教文化出版社2003年版,第4—5页。

[②] 此句一段在原书为单起一行,而在王恩洋《佛法真义》一书中为紧随上文,比较合理,故改排如是。

[③] [清]郭庆藩撰,王孝鱼点校,《庄子集释》,中华书局1961年版,第350页。

上并不如此,可知圣人、大盗的概念都是假立。"三者名能诠实,若谓名先于实,有此名故得有实者,则实未生时,名亦不起;世间诸法要先有实,后乃起名,实之不存,名于何有?名且不有,何能诠真?"假使说名先于实,因名得实,不应道理。"四者若谓名后于实能诠实者,则名所计实,何于未起名时,实觉不起?依事起名,名之所诠,要仍彼名,与实无关。"譬如独角兽,没有名为麟时,见者并不作麟想;一定要等人指明说,这是麟,这是麟,意识中才会起麟的感觉,感觉到已后对着别人就还会说道:"这是麟呀!这是麟呀!"这样看来,名先于实,则名且不先,名后于实,则实觉不先名而起,所以我们虽依事起名,但是名之所诠,还是假名,于实并无关系。①从此亦可以知道,思想所能思想到,语言所能说到,都不是事物之自相,那么,欲明了"自相"又当怎样呢?

在瑜伽学派看来,②我们欲知自相,只有凭借"现量",《因明大疏》说:"行离动摇,明证众境,亲冥自体,故名现

---

① 此段所依原文详见王恩洋著:《中国佛教与唯识学》,宗教文化出版社2003年版,第4页。

② 此句一段在原书为紧随上文,但讨论"自相"乃为单独论域,且"自相标准"为"融贯论"两大标准之一,故改排如是。

量。"①《显扬》十一说:"现量者有三种相。一非不现见相。"②《论》自释云:"谓由诸根不坏,作意现前时,无障碍等。无障碍者复有四种:一非覆障所碍。二非隐障所碍。三非映障所碍。四非惑障所碍。覆障所碍者,谓黑暗无明障,不澄净色之所覆障。隐障所碍者,谓或药草力,或咒术力,或神通力之所隐蔽。映障所碍者,谓少为多物之所映夺,故不可见,或饮食等为诸毒药之所映夺,或发毛端为余尘物之所映夺,如是等类,无量无边,又如能治映夺所治,全[令]不可得,如无相观力映夺众相。惑障所碍者,谓幻化所作或相貌差别,或复相似,或内所作,目眩憎憒、闷乱、酒醉、放逸、癫狂,如是等类,名为惑障。若不为此四障所碍,名无障碍。"③二非思构所成相,此谓现量所取境界,非是思构所成也。三非错乱所见相。《论》自释云:"错乱略有七种:一、想错乱,谓于非彼相起彼相想。如于阳焰相起于水想。二、数错乱,谓于少数起多增上慢,如翳眩者于一月处见多月像。三、形错

---

① 《因明入正理论疏》卷上,《大正藏》CBETA版,册44,第1840号,p.93b23–24。

② 《显扬圣教论》卷11,《大正藏》CBETA版,册31,第1602号,p.532a10。

③ 《显扬圣教论》卷11,《大正藏》CBETA版,册31,第1602号,p.532a12–b2。

乱，谓于此形起余形增上慢。如于旋火见彼轮形。四、显错乱，谓于显色起余显色增上慢，如为迦末罗病（Kamala）损坏眼根，于非黄色，悉见黄相。五、业错乱，谓于无业起有业增上慢。如执拳驰走，见树奔流。六、心错乱，谓即于前五种所错乱义，心生喜乐。七、见错乱，谓于前五种所错乱义，妄想坚执。若非如是错乱所见者，即名现量。"①《因明入正理论》更说："此中现量谓无分别，若有正智于色等境，离'名''种'等所有分别（离'名言'分别、'种类'分别、'假立'分别），现现别转（谓现量智刹那刹那相续生起，此中刹那唯约现在，双简过去未来，故名现现。由现量智，从'种'生'现'，才生即灭，实无住义。种（潜能）各别生，现（现实性）非一体，是故说言'现现别转'。'转'，生起义）故名现量。"②质言之，即凭借智慧实证宇宙间一切事物的"自相"是为现量。

总之，我们要辨别真伪，在"自相"方面，须靠"现量"。在"共相"方面，须靠"比量"。前者曰事，后者曰理。准事

---

① 《显扬圣教论》卷11，《大正藏》CBETA版，册31，第1602号，p.532b25–c12。

② 出自《因明入正理论》，引文内括号中的内容为虞愚的纂释，《大正藏》CBETA版，册32，第1630号，p.12b27–29。

酌理，天下的是非自定。①那些不明是非同异的真相，而妄说世间没有真伪、没有准则的人，抑亦可以少休吧！

---

① 1987年4月18日，七十八岁高龄的虞愚先生应邀在中国佛学院做了关于因明学的专题演讲，满腔热情地高度评价陈那"二量说"的哲学价值与历史地位，他认为："陈那有一个非常高明的地方，就是他把人类对宇宙人生的知识来源，简明扼要地概定为两个方面，即现量和比量。这在当时来说，毫无疑义是人类认识阶段上的一次成功的'革命'……只有'现量'与'比量'才是人类一切知识的来源之处。不可能有第三种量，更不可能将此二量合为一量。这一观点在当时是很不平凡的……陈那在一千五百多年前清楚地认识到：人类认识世界、改造世界的全部知识来源，只有现量和比量这两个方面。实事求是地讲，陈那的现、比二量与今天科学的讲法是相通的。大家知道，今天的科学家和哲学家们都讲感性认识和理性认识，此感性认识即相当于陈那所讲的'现量'，理性认识即相当于'比量'。陈那建立了现、比二量的因明体系之后，就把古印度思想中形形色色的量全部淘汰了。陈那建立的二量，直至今天还得到学者专家们的承认和赞赏，这也雄辩地说明了陈那的伟大。大家一定要牢记，现、比二量是不可分割也不可组合的……"虞愚：《说"有"谈"空"话因明》，见于刘培育主编：《虞愚文集》第一卷，甘肃人民出版社1995年版，第421、422页；又见于虞愚著，单正齐编：《虞愚文集》，商务印书馆2018年版，第479、480页。

后 记

去岁 6 月，突然接到商务印书馆李红燕女史的电话，约请为一代宗师虞愚先生《怎样辨别真伪》作校注，内心十分激动。一为虞愚先生是我们因明绝学研究的前辈，二为虞愚先生曾于 1941 年赴国立贵州农工学院一直任教到 1942 年底，也是我们贵州大学的前辈学者，故虽自知学殖不逮，亦慨然应允。接着收集虞愚已刊所有著作，并约我的第一位因明博士汤伟同学一起承担此项工作。开始进展顺利，但因由我组建的"贵州大学因明学研究团队"所提交的《陈那、法称因明量论原典汉语疏释与研究系列》课题申请荣获"2020 年度国家社科基金冷门绝学研究专项"（首批团队重大项目），又得到贵州大学校长宋宝安院士、李建军书记的呵护与支持，为我们建立了"贵州大学佛教量论因明研究院"，特批专门的研究院用房（思贤楼二楼东侧）、专门经费，并特批近五年每年两个博士生名额，以为国家抢救因明绝学培养人才，此事为国内高校首创，责任重大，故投入很多精力，由是耽搁了书稿的进程，内心不安，深表歉意。

虞愚此书是其生前出版的最后一部学术专著,也是成就其为独具风格的文化哲学思想家的根本著作,涉及古今中外哲学文化的精髓,尤其是佛教量论因明学的庞大结构与义理体系,再加以虞愚先生的文风简洁明快,故在研读方面若无相关的阅读背景则实在是很难悟得内中三昧。校注力求简明,提供相关背景知识,多引虞愚本人相关研究以作呼应;"导读"长文从哲学研究入手,进而阐明虞愚一生的学术成就,尤其是超越因明学专门研究的文化哲学层面的学术价值,为读者提供一个崭新的理解虞愚以及阅读本书的路径。至于若想真正理解虞愚的思想以及学术,那就非得全面研究他的几百万字的原著不可,这不仅可了解虞愚本人,而且可以深入了解横跨民国与共和国两个时代之学者的人生风貌以及学术品格,并为未来民族学术的跨越式发展提供智慧的启迪。

今年是贵州大学建校一百二十周年,也是虞愚先生在贵州大学讲学八十周年。十年前,中国逻辑学会因明专业委员会在贵州大学隆重举办了"第八届全国因明学术研讨会暨虞愚先生贵州大学讲学七十周年纪念会"。相信此书的出版可以进一步增加读者对虞愚先生的了解,并进一步推动因明绝学的抢救工作。

顺 真

2022 年 7 月 14 日于贵州大学佛教量论因明研究院